走向成功的颠峰

李浩天 编著

煤炭工业出版社
·北京·

图书在版编目（CIP）数据

走向成功的巅峰 / 李浩天编著 . -- 北京：煤炭工
业出版社，2018

ISBN 978 - 7 - 5020 - 6500 - 3

Ⅰ. ①走…　Ⅱ. ①李…　Ⅲ. ①成功心理—通俗读物
Ⅳ. ①B848.4 - 49

中国版本图书馆 CIP 数据核字（2018）第 037024 号

走向成功的巅峰

编　　著	李浩天
责任编辑	马明仁
封面设计	浩　天

出版发行　煤炭工业出版社（北京市朝阳区芍药居 35 号　100029）
电　　话　010 - 84657898（总编室）
　　　　　010 - 64018321（发行部）　010 - 84657880（读者服务部）
电子信箱　cciph612@126.com
网　　址　www.cciph.com.cn
印　　刷　永清县晔盛亚胶印有限公司
经　　销　全国新华书店

开　　本　880mm×1230mm¹/₃₂　印张　7¹/₂　字数　200 千字
版　　次　2018 年 5 月第 1 版　2018 年 5 月第 1 次印刷
社内编号　20180051　　　　　定价　38.80 元

前　言

　　人生的许多财富，都是人们经过自己的不断努力而取得的。成功的梦谁都做过，成功的路谁都想去走，成功的山峰谁都想去攀登，但真正能够到达峰顶的人，走过成功路的人却极少。

　　这是为什么呢？其实原因很简单，这些人所具备的成功素质不一样，他们所具备的成功技巧也不一样。

　　本书从根本上给出了我们想知道的答案。在书里，我们可以看到为什么有许多人曾经为了成功而努力，到最后却一次次挫败。为什么有少数人能够到达成功的巅峰，而多数人却不能去享受这种成功。

　　其实这并不是因为他们缺少书本知识、能力和机会。他们不曾成功的原因或许是他们有了比别人更多的知识却不会加以利

用；或许是他们没有做出适合自己的定位；也许是他们不够努力；或许是他们没有公共意识、注意力、专心致志、持之以恒等品格。而这些都可以让你无法获得成功。所以希望你在阅读这本书的过程中能从中给自己做出定位，或者找到真正的自己，让你改变，让你从失败之中走出来，走向成功，走向辉煌。

目 录

|第二章|

找到成功的感觉

目　录

|第三章|

主动超越自己

|第四章|

战胜恐惧

目 录

|第五章|

抓住自己命运的缰绳

|第六章|

信念铸就成功

第一章

成功的态度

成功的态度

　　态度就像一块磁铁，不论我们的态度是正面或负面的，都要受它的牵引。全美国最受尊崇的心理学家威廉·詹姆斯曾说过："我们的时代成就了一个最伟大的发现：人类可以借着改变他们的态度，进而改变自己的人生！"确实如此，人生的成功或失败、幸福或坎坷、快乐或悲伤，有相当一部分是由人自己的心态造成的。只要你拥有积极的心态，你就可以缔造出辉煌的人生。

　　态度可划分为两种：积极的心态和消极的心态。任何事情都可以从不同的角度去看它，关键看你是积极的，还是消极

的。比如说推销员，天下大雨，可能会有一个推销员这样想：现在下这么大的雨，刮这么大的风，即使我去了，客人那里可能也没有人在。这样他就失去了一个拜访机会；但另一个推销员可能想：今天下大雨，刮大风，可能别人都不会去，这样，那个老板肯定有空儿，如果我过去，他很可能有足够的时间接待我，听我的解释。试想第二个推销员成功的机会是不是会更多一点儿？

日本有个水泥大王叫浅野一郎。年轻的时候，只身一个人来到东京谋生。他身无分文，但当他看到东京的街头有人在卖水时，非常高兴：东京真是个好地方，连水都能卖钱，看来我浅野要活下去不会成问题。可是，也有人想东京真是个鬼地方，连水都要钱，看来我活下去很困难。

"连水都能卖钱"和"连水都还要钱"是两种完全不同的态度。态度不同，结果就会两样。孰胜孰负，一目了然。

有一个小男孩儿，一次长跑比赛回到家里，父亲看他很高兴，就问他是不是得了第一名？他说没有啊，他得了第二名。父亲很奇怪，得了第二名为什么还这么高兴？他说：爸爸，你知道吗，那个第一名不知道被我追得有多惨！

　　这就是那个小孩儿的心态。如果我们每个人都有如此心态追求成功的话，有对手已经跑在我们的前面又有什么关系？

　　人们常问如何才能得到幸福？其实，幸福并不是事情的本身，而是一种态度。有人认为有钱很好，可为什么没钱时夫妻感情很好，一旦有钱时却要闹离婚？关键是他们如何看待钱，如何对待钱的使用。钱对一个无法自律的人来讲，可能就是一种负担。

　　有人认为住大房子一定很好，可为什么那么多人住在豪宅里还感觉孤独异常？有人认为身体好就行，可身体健壮却一辈子庸庸碌碌又有什么意义？许多人出身豪门，但是我们又看到多少豪门恩怨。幸福本来就是一种选择，是一个决定。你决定选择幸福，你就可以找到幸福的理由；快乐同样也是一种选择，如果你想选择快乐，你一定可以找到让你快乐的地方。因为即使事情再糟糕，你也可以从中找到值得庆幸的理由，然后去享受它。对一个消极的人来说，即使事情再好，他也会瞄准事情不好的一面，最后依然得不到快乐。

　　所以，有什么样的态度，决定你有什么样的人生。事物的本身并没有绝对的对错之分，但有积极与消极之分，只是人不能因为自己消极的态度而错待自己。

面对生活，你所采取的态度是什么？有的人自怨自艾，有的人却满怀希望；有的人身在福中不知福，有的人却可以在苦难中寻找自己的乐趣。

哈佛大学做过一项调研，他们发现人生中85%的成功都归于态度，15%则归于能力。研究人类行为的专家认为一切成功的起点，是培养一个好的态度。

有一个大家耳熟能详的故事。两个卖鞋的人一起去非洲开发一个新市场，第一个业务员的反应是：很遗憾，这儿没一个人穿鞋，他们都光着脚。但第二个业务员刚一到达目的地就高兴得跳了起来："太好了，这儿所有的人都没有鞋穿，所以有很大的市场开发潜力。"第一个人空手而归，第二个人却拿到了一笔大订单。

同样的情况，不同的心态；不同的心态，不同的结果。

积极的心态是一种对任何人、情况或环境所持的正确、诚恳而且具有建设性的态度。积极的心态允许你扩展希望，并克服所有消极思想。它给你实现欲望的精神力量、感情和信心，积极的心态是迈向成功不可或缺的要素。

如果你认为所有的事情都很糟，就不可能用一种正常的心情去对待，态度就会消极，而消极的态度也会反映在行动上，让你尝到失败的滋味。如果把思想引导到奋发向上的念头上去，就会打开一条积极的思路，于是行动也就会变得积极起来。

美国作家兼演说家海利提供的一份资料表明，美国合法移民中成为百万富翁的概率是土生土长美国人的四倍。而且不管黑人、白人或其他种族的人，不论男女，全无例外，原因就是他们在面对困难时所采取的态度更积极。

这些移民刚来到美国时，眼前的一切着实令他们难以置信，大部分情况下，他们所见到的是无法想象的美丽、豪华与遍地的机会。他们以积极的心态面对一切。他们惊讶地看到报纸上数不清的求才广告，然后马不停蹄地四处应聘。移民在美国的最低薪资和其他国家比起来，已是最高薪资，他们在生活上力求简单便宜，若有需要，还会找两份工作，他们做起事来格外勤奋，所有的钱都存下来。几乎每个人都衷心感谢美国及它所提供的机会。正是这种心态让他们面对困难时更加坚强，让他们在遇到挫折时更加乐观，所以成功的概率也就大大增加了。

消极的心态则恰恰相反，它使人看不到希望，进而激发不出动力，甚至还会摧毁人们的信心，使希望破灭。消极的心态如同慢性毒药，吃了这药的人会慢慢变得消沉，失去动力，而成功就会离他们越来越远。

克莱门特·斯通生于1902年，童年时家在芝加哥南区，他曾卖过报纸。斯通卖报时，有家餐馆把他赶出来好几次，但他还是一再地溜进去。那些客人见他这样勇气非凡，便劝阻餐馆的人不要再踢他出去。结果他的屁股被踢得很疼，口袋却装满了钱。这事不免令他深思：哪一点我做对了呢？哪一点我做错了呢？下次遇到同样的情形我该怎样处理呢？他一生中都在这样问自己。也正是在这样不停地追问与改正中，克莱门特·斯通成为美国保险业的巨子。

不要因为没有成功就责备这个世界不够完美，这是可笑与可鄙的。你要像所有成功者那样实现自己火热的谋求成功的愿望。把你的心思放在你所想要的东西上，离你所不想要的东西。

不要拒绝励志书籍和他人的帮助和指引，更不要拒绝自己内心的冲动。

对于那些拥有积极心态的人来说，每一种逆境都含有同等或更大的力量。有时，那些似乎是逆境，其实是提升自己的好机会。你愿意花费时间从事思考以便决定你怎样才能把逆境转化为等量或更大的力量吗？我当然愿意。

请接受这样一件无价的礼物——欢乐的劳动；寻求人生的

最大价值；热爱人们，为人们服务。

只有那些持积极心态进行活动的人才能成为领导人，这是颇有意义的逻辑。

汤姆斯·爱迪生的积极心态支撑他进行了一万次失败的尝试，最终发明了白炽电灯。这个发明迎来了伟大的电气时代，给我们提供了巨大财富。

亨利·福特的积极心态使他得以在制造第一部汽车的竞争中处于领先地位；他在建立不朽的工业企业中，把积极心态当作他最伟大、最重要的资产。这个企业使他比克利萨斯更富有，并且直接和间接地大约给1000多万男男女女提供了工作岗位。

安德鲁·卡内基的积极心态使他从贫穷和阴暗中崛起，作为他建立工业的主要资产；这种工业诞生了伟大的钢铁时代，现在还被当作我们整个经济系统中最重要的一个环节。

圣雄甘地的积极心态是统治印度的英国强大军事力量的强大对手。正是由于甘地的积极心态把两亿多同胞组成了一个"集体心理"联盟，从而使印度从英国的控制下解放了出来，却未放一枪，未损一兵。

　　在生活中，我们必须树立积极的心态，它可以让我们面对困难时更加从容。有太多的人尝到了失败的滋味，就是因为有太多的人没有调整好自己的心态，让自己生活在怀疑、自卑、犹豫和恐惧的泥沼里。

　　很多人之所以在种种挫折与困难面前会觉得自己必定会失败，并不是因为挫折与困难有多么难以征服，而是因为他们从心里就认定自己是个失败者，不会有取得成功的可能。如果你是这样的人，就请你改变自己，用一种积极的态度来面对，如果你肯这样去做，你就会发现一切并非像你想的那样困难，你同样可以战胜困难，走向成功。

积极心态的力量

人人都希望成功会不期而至，甚至会自动跑到自己的身边来，但绝大多数人并没有这样的运气或条件。即使是有了这些条件或运气，我们也可能错过或感觉不到，因为很明显的东西往往容易被人忽略。所以我们每个人都应该保持积极的心态，因为积极心态是每个人的长处，也是一种毫不神秘的东西。积极的心态，能够激发我们自身的所有聪明才智，使我们将自身的能量充分地发挥出来，从而创造成功的人生。

一个人能不能成功，关键不在于容貌，而在于心态。

容貌只是上帝赋予我们的面对这个世界的最初姿态，它以

人的意志为转移，但事业的成功、人生的成败，却很大程度上取决于你自己的心态。

叔本华说："人的面孔要比人的嘴巴说出来的东西更多，因为嘴巴说的只是人的思想，而面孔说出的则是思想的本质。"

我们不可能都英俊漂亮。有些人长相非常一般，而有些人则长得十分难看。不过，一张美丽的面孔并不一定代表着一颗美好的心灵。历史上有些臭名昭著的罪犯和阴险毒辣的人就长得英俊潇洒。毫无疑问，美貌是一种财富，但就它本身而言，并不像人们所想象的那么重要。

有一则故事说，林肯总统的顾问向林肯推荐了一位内阁候选人，却被林肯拒绝了。问及理由时，林肯答道："我不喜欢此人的脸。""但这可怜的人对自己的长相是不能负责的啊！"顾问坚持道。林肯说道："每个40岁以上的人，都应该对自己的脸负责。"于是，这项提议被弃置一边。

林肯说的话不妨做这样的解释：在世界上生活了40多岁的人，应该有许许多多东西在他脸上反映出来——欢乐、悲哀、智慧、毅力、得失、生活中经历的风雨，还有对生活的感悟。

成功的秘诀，就在于确认出什么对你是最重要的，然后拿

出各种行动，不达目的誓不罢休。

不知道你是否听过桑德斯上校的故事？这个年过60岁且才貌平平常常的人，是如何成为"肯德基炸鸡"连锁店的创办人的？你知道他是如何建立起这么成功的事业的吗？是因为生在富豪家、念过像哈佛这样著名的高等学府，抑或是在很年轻时便投身于这门事业上？

答案都不是。事实上桑德斯上校于65岁时才开始从事这项事业，那么又是什么原因使他终于拿出行动来呢？因为他身无分文、孑然一身，当他拿到生平第一张救济金支票时，金额只有105美元，内心实在是极度沮丧。但他马上便心平气和，思量起自己的所有，试图找出可为之处，头一个浮上他心头的答案是："很好，我拥有一份人人都会喜欢的炸鸡秘方，不知道餐馆要不要？"好点子固然人人都会有，但桑德斯上校就跟大多数人不一样，他不但会想，还知道怎样付诸行动。他开始挨家挨户敲门，把想法告诉每家餐馆："我有一份上好的炸鸡秘方，如果你能采用，相信生意一定能够提升，而我希望能从增加的营业额里提成。"很多人都当面嘲笑他："得了吧，老家伙，若是有这么好的秘方，你干吗还穿着这么可笑的破旧服装？"

　　但这些话没有让桑德斯上校打退堂鼓，因为他还拥有成功秘方，即"能力法则"，意思是指"不懈地拿出行动"。桑德斯上校确实奉行了这条法则，他从不为前一家餐馆的拒绝而懊恼，反倒用心地写下说词，以更有效的方法说服下一家餐馆。

　　桑德斯上校的点子最终被人接受了，你可知道他先前被拒绝了多少次吗？整整1009次之后，他才听到了第一声"同意"。在历经1009次的拒绝、整整两年的时间后，有多少人还能够锲而不舍地继续下去呢？相信很难有几个人能受得了20次的拒绝。然而，这也就是他最后之所以成功的可贵之处。好好审视历史上那些成大功、立大业的人物，就会发现他们都有一个共同的特点：不轻易为"拒绝"而退却，不达到自己的理想、目标、心愿就决不罢休。

　　桑德斯上校的成功，并不是偶然的，而是一种积极心态的必然。

　　所以即使你身处事业的绝境，你仍然可以想：纵使我此刻的情况不佳，但依然有些值得感恩的地方，例如还有好朋友，脑筋也没错乱，甚至于还能呼吸，这就还有希望。"

　　要不断地提醒自己留意所想要的，别只看见问题却看不见解决的办法。你更应告诫自己，即使那些问题此刻困扰着你，但绝不会一辈子缠着你而不离去。不管在事业上或心情上有多么不顺利，你都不能再让生命陷入其中。同时，你要坚信你的好时光迟早会到来。

只要不断灌溉所种下的种子——持续去做对的事情——那么就会走出人生的冬季，进入春天，多年看似不见成效的努力就会有收获的一天。那么，就让我们从今天起拿出必要的行动，哪怕只是小小的一步。

积极态度所产生的力量是巨大的，它能使一个懦夫成为一个勇士，使一个不堪一击的弱者变得不可战胜。它能使人性中软弱的一面变得坚韧，它能使一个做事消极的人变得充满斗志，能在绝境中为你开辟出一条平坦的道路。积极心态是在追求成功道路上不可或缺的最重要的因素之一。一个消极堕落的人，一旦拥有了积极心态，无论做人或做事，都会发生巨大的改变；以往拖拉懒散的习惯会很快消失；面对困难时不再会选择逃避，相反则是迎难而上。任何一个人，当他具备了积极心态，就等于向成功跨出了一大步，当遇到困难和挫折时，积极心态就会充分体现出它的作用：人们不再害怕困难，不再担心会失败；随之而来的是勇气、信心和战胜所有困难的力量。

一个人一旦能对内在的力量加以有效地运用，他的命运就

永远不会陷入卑微、贫困的境地。

无论何人，要想把自己的梦想变为现实，要想让自己脱离平庸，生活过得精彩，那他就必须充分发挥他的一切能力，尤其要唤醒他沉睡的心灵。在每个人的体内，都潜伏着巨大的力量。这些力量，只要你能够发现并加以运用，便可以帮助你实现梦想，走向成功。而积极心态正是激发这种力量的主要因素。

查理·华德出生在一个贫困的家庭中，由于家里实在贫困，为了贴补家用，在上小学时他就不得不利用课余时间去给人送报纸、擦鞋，每逢假期，则去一家货运公司工作。17岁那年，他中学毕业了，于是，他便搭火车浪迹美国各地，他三年没有像样的工作，成了一个十足的无业者，他每天跟着一些人四处鬼混，还常常赌钱、偷窃，甚至是抢劫。

有时他会赢一大笔钱，可没过多久就会被他全部用光，后来由于无力偿还赌博欠下的债务，他就去走私毒品。再后来，他被捕了，还被判了刑，尽管查理·华德始终认为他是无辜的。

入狱服刑后，34岁的查理·华德对过去的自己做了一番深刻地检讨，为了避免以后重蹈覆辙，他先向自己提出了一些问

题，然后去书中寻求答案。为此，他开始阅读《圣经》，反复研讨，寻求鼓励、指引和帮助。由此，他的态度也变得积极起来，行为也随之改变，并成为监狱里所有服刑人员中表现最好的人。

一天，一个狱卒对他说，电厂里的一名服刑人员表现突出，将在三个月后释放，狱管决定让他顶替这个位置。可是查理·华德对电这方面的知识很匮乏，该怎么办呢？他又不想失去这次机会。于是，他立刻去监狱图书馆借来有关的书籍，然后把那些书里面的内容通读一遍，牢牢记于脑海中。

三个月之后，在狱方的安排下，查理·华德胸有成竹地做起了这份工作，成为监狱电厂的管理员。

后来，花格罗公司总裁布朗因逃税漏税被判刑入狱，不久便与查理·华德认识并成为好朋友。查理·华德鼓励布朗调整自己的心态，顺应环境，布朗对此十分感激。"谢谢你这段时间给予我的帮助，"刑满出狱前，布朗对查理·华德说，"等你出狱之后来找我，我会给你份很好的工作。"半年之后，查理·华德也因表现优异而获得假释，出狱后他去找布朗，布朗

没有失言，给他安排了一份工作。起初他在公司担任作业员，每周只能领到25美元。可是由于他工作努力，不到两个月，他被升为领班，接着又没过多长时间，他又被升为管理员。最后，查理·华德被任命为公司的副总裁，并在布朗去世后成为总裁。而华格罗公司也在他的领导下，从每年不足300万美金的营业额，迅猛增长到5000万美金，成为同行业者中的佼佼者。

让我们再看看下面的这个故事：

午夜时刻，在医院的一间病房里，两名护士正紧张地工作着——她们抓着乔治的一只手腕，力图摸到脉搏的跳动。乔治已经整整昏迷了7个多小时，医生尽了最大的努力，仍不见好转，于是都离开病房。

尽管乔治一动也不能动，但还是能听到两名护士的说话声。就听其中的一位护士说："他不会已经停止呼吸了吧，一点儿脉搏跳动的迹象也没有。"

"没有？再摸摸看。"另一个女护士回答说。

他一再听到这样的问话和回答：

"摸到他的脉搏没有？"

"还没有。"

乔治心里想，自己一定要想办法告诉她们我还活着。另外，他对于这两位护士近乎愚蠢的关切觉得很可笑，他不断地告诉自己，一定要让她们知道自己的身体十分良好，并非马上就要离开人世。于是，他尝试着睁开自己的眼睛，可是他没有成功，他的眼睛根本就不听使唤。但是他并没有灰心，而是不停地努力去睁开眼睛，直到最后，他听到一位女护士惊喜地叫道："快看呀，他的一只眼睛在动，他还活着！"

就这样，经过相当长的一段时间，乔治的一只眼睛完全睁开了，接着，另一只眼睛也睁开了。恰巧，医生这时也赶了过来。凭着医生精湛的医术、护士的从旁帮助，再加上自己积极的态度，乔治战胜了死神，恢复了健康。

人有着巨大的潜在力量。这种潜力要是能够被唤醒就能做出种种令人惊奇的事情。然而，大部分人没有意识到这一点。病人在生命垂危、呼吸困难时，听了医生或亲友的一席热烈恳切的安慰话语后，竟然会起死回生。这种情况在医生看来，是

很平常的事，但在别人看来，则很可能会想到也许是上帝在保佑他们。其实，对于一般人来说，疾病之所以能置人于死地，首先是因为他的态度是消极的。

同样的道理，世界上有无数庸庸碌碌的人，有些人竟然到了难以自立的地步，但他们只要能改变对生活的心态，怀着积极的态度面对人生，就可以成就伟大的事业。

乔·巴普的母亲是裁缝，父亲是穷工匠，他在纽约市贫民区的学校半工半读念完高中。他热爱戏剧，非常渴望能去看一场百老汇的表演，但这只是他的梦想，因为买不起门票，他暂时还无法实现这个梦想。

他凭着意志当上了电视台的舞台监督。不过他希望为那些像他那样永远买不起门票去看百老汇戏剧表演的人创作一些戏。他办了一个剧团，先是在教堂的地下室演出，后来租了个露天圆形剧场来表演。剧团初期演出莎士比亚的喜剧，很受观众欢迎，却没有剧评家来观看。他想，要是没有宣传，又怎么会有人捐助演出经费呢？

有一天，他找到了《纽约时报》，指名要找喜剧评论家布

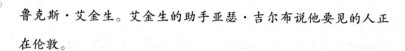

鲁克斯·艾金生。艾金生的助手亚瑟·吉尔布说他要见的人正在伦敦。

"那我就在这里等他回来。"他坚决地说。于是吉尔布请他说明来意。他激动地说他剧团的演员如何优秀，观看他们演出的观众如何多，掌声是如何地热烈；又说观众大多数是从未看过真正舞台演出的移民，如果《纽约时报》不写剧评介绍他的戏，他就没有经费再演下去了。吉尔布看到他这样坚决，大为感动，同意那天晚上去看他的戏。

吉尔布到达露天剧场时，天上乌云密布，中场休息时，雨水把舞台浸湿了。他一见吉尔布就赶上去说："我知道剧评家平常是不会评论半场演出的，不过我恳求你无论如何破个例。"

那天夜里，吉尔布写了一篇简短介绍，对那半场戏颇多好评，又提到剧团急需资助。第二天，就有人给剧团送去了一张750美元的支票。在1956年，这笔钱足够剧团继续演出这场戏，一直到夏天结束。艾金生从伦敦回来后，去看了这场戏，并在他的星期天专栏里大赞这出戏。

没多久，乔·巴普就开始在纽约各处经常免费演出莎士比

亚名剧。他于1991年去世，死前一直是美国戏剧界颇具影响力的人物。他曾经说过，他坚持不懈是因为深信戏剧对人们生活很重要。"如果你不相信这一点，那么就此放弃算了。"

一个真正渴望成功的人，做事一定很积极，而这种态度很容易会引起别人的注意，从而便会获得别人的帮助。积极的态度能增强自己的力量，更快地让你实现梦想。

积极心态是任何一个想取得成功的人都必须具备的重要因素。有了它的存在，你就会拥有战胜所有困难的力量，无论面对挫折还是失败，最终取得胜利的一定是你，特别是在紧急情况下，这种心态所起到的作用显得尤为重要。当一个人因为受到某些因素影响后而对工作、生活乃至生命产生自暴自弃的心理时，往往只有积极心态能帮助他走出困境，重新找回自信。

美国前总统里根说："创业者若拥有积极的心态，就可以缔造一个美好的未来。"确实如此，为了让我们的人生更加美好，就必须怀有积极心态，它会使你创造人生的辉煌。

阻碍成功的是你自己

一个人想要取得成功，生活幸福，重要的一点是要有积极的心态，要有十足的勇气，要敢于对自己说："我行！我坚信自己！我是世界上独一无二的人！"否则，他就很可能在通往成功的道路上被各种困难吓倒，对自己失去信心。

自从你生下来的那一刻起，你就注定要回去。这中间的曲折磨难、顺畅欢乐便是你的命运。

命运总是与你一同存在，时时刻刻。

不要敬畏它的神秘，虽然有时它深不可测；不要惧怕它的无常，虽然有时它来去无踪。

　　不要因为命运的怪诞而俯首听命于它，任凭它摆布。等你年老的时候，回首往事，就会发觉命运有一半在你手里，只有另一半在上帝手里。你一生的全部就在于运用你手里所拥有的去获取上帝所掌握的。

　　你的努力越超常，你手里掌握的那一半就越庞大，你获得的就越丰硕。

　　在你彻底绝望的时候，别忘了自己拥有一半的命运；在你得意忘形的时候，别忘了上帝手里还有一半的命运。

　　你一生的努力就是用你自己的一半去获取上帝手中的一半。

　　这就是命运的一生，这就是一生的命运。

　　我有过一次十分有趣儿，同时也是影响我一生的经历：

　　一次，我去拜会一位事业上颇有成就的朋友，闲聊中谈起了命运。

　　我问："这个世界到底有没有命运？"

　　他说："当然有啊。"

　　我再问，"命运究竟是怎么回事？既然命中注定，那奋斗又有什么用？"

　　他没有回答我的问题，但笑着抓起我的左手，说不妨先看

看手相，我算算命。他给我讲了一通生命线、爱情线、事业线等诸如此类的话，突然，对我说：把手伸好，照我的样子做一个动作。他的动作就是，举起左手，慢慢地且越来越紧地抓起拳头。

他问，"抓紧了没有？"

我有些迷惑，答道："抓紧啦。"

他又问，那些命运线在哪里？

我机械地回答："在我的手里呀。"

他再追问："请问，命运在哪里？"

我如当头棒喝，恍然大悟：

命运在自己的手里！

他很平静地继续说道："不管别人怎么跟你说，不管算命先生们如何给你算，请记住，命运在自己的手里，而不是在别人的嘴里！这就是命运。"

当然，你再看看你自己的拳头，你还会发现你的生命线有一部分还留在外面，没有被抓住，它又能给你什么启示？命运大部分掌握在自己的手里，但是还有一部分掌握在别人的手

里。古往今来，凡成大业者，奋斗的意义就在于用其一生的努力，去换取在"上天"手里的那一部分"命运"。

我静静地坐着，半晌，只见心扉如清泉流过……

命运在自己的手里，而不是在别人的嘴里！

后来，有一位学员跟我谈到她的恋爱问题，向我求助。她已年届30岁了，还没有男朋友。不过不是没有交过男朋友，而是在她23岁那年，有一位传闻很灵的算命先生曾对她说过，她要等到33岁才会有婚姻缘。之后，有几次谈朋友机会，但每到谈婚论嫁的关键时刻，她就想起算命先生的这句话，于是，她就会对自己说我要到33岁才能结婚，现在结婚也不会长久。与其长痛，不如短痛。罢了，忍痛割爱，还是早点儿分手吧！就这样，直到今天，搞得自己痛苦不堪。

我想起了这则故事，于是就讲给了她听，当然是照着"原版"边讲边做了一遍。在过程中，我发现她的感觉与我当初惊人的相似。随后，只见她站起来大叫一声："哎呀，原来我被那该死的算命先生给害了！"

说完，我们不约而同哈哈大笑。

命运在自己的手里，而不是在别人的嘴里，这个信念几乎改变了我的一生。

从1995年起，我就开始讲成功学，做成功训练，那时不知道有多少人给我泼过冷水，甚至直接嘲讽说你自己都不成功，凭什么教别人如何成功？我的人生中确实有过不少低潮：曾破产过两次，大学以后，大概做过十几种不同的工作，当过大学教师，做过公务员，做过歌厅串场歌手，当过小画匠，管理过菜场，下过农村，开过餐馆，做过流水线工人，搞过装修，搞过房地产，当过推销员……因为在珠海创业失利，而来到上海，刚来上海的头两年，五次尝试白手创业均告失败……

每当低潮来临，每当再遭遇挫折时，我几乎都会暗暗抓紧自己的左手，暗暗对自己说，命运在自己的手里，而不在别人的嘴里。真的，很奇怪，每当我把手抓起来的那一刹那，我几乎立即能感觉到内心无限的信心与动力。

这一信念一直帮助我走到今天。对我如此重要的东西，对你也应该同样有用，不妨试试？

现在就抓住自己的手，对自己的潜意识大声说一句：命运在自己的手里，而不在别人的嘴里！

　　研究自我形象素有心得的麦斯维尔·马尔兹医生曾经说过，世界上至少有95%的人都有自卑感。为什么呢？有句话叫作"金无足赤，人无完人"，也就是说我们每个人都不是完美的，都有自己的缺陷。这种缺陷在别人看来也许无足轻重，却被我们自己的意识放大，而且越是优点多的人，越是我们觉得完美的人，他们对自身的缺点看得越严重。另外一点就是我们经常拿自己的短处来与别人的长处比较。其实优点和缺点并不是那么绝对的，就像自卑，具有自卑性格的人通常也比较内向，但内向也有内向的好处。内向的人，听的比说的多，易于积累。敏感的神经易于观察，长期的静思使得他们情感细腻，内敛的锋芒全部蕴藏为深厚的内秀心智；而温和的性情又让他们更容易亲近别人。所以从某种意义上说，缺点也是可以转化为优点的，就看你自己怎么去看待。其实，从某种意义上说，缺陷也是一种美。就像断臂的维纳斯，虽然失去了双臂，却从严重的缺陷中获得了一种神秘的美。

　　分析许多人失败的原因，不是因为天时不利，也不是因为能力不济，而是因为自我心虚，自己成为成功最大的障碍。有的人缺乏自重感，总是觉得自己这也不是，那也不行，对自己长相、身材不能接受，时常在别人面前感到紧张、尴尬，一味

地顺从他人，没能把事情做好，总是认为自己笨，自我责备，自我嫌弃。有人缺乏自信心，总是怀疑自己的能力，内心的自我是一个可怜的、脆弱的、需要别人帮忙的弱小形象。有的人缺乏安全感，疑心太重，总觉得别人在背后指责和议论自己，对他人的各种行为充满了戒备心，容易产生嫉妒。有的人缺乏胜任感，不相信自己能创造、发明，做事时缺乏担当重任的气魄，甘心当配角；生活中常常被别人的意见所支配，无论职业角色，还是家庭角色，都显得难以胜任。有的人个性虚浮，或虚假地表现自己，为掩饰自己的缺点或短处，夸张地表现自己的长处或优点，或依靠奇特来自我"打气"，追求虚荣……这样的人，真正的敌人正是他们自己。

有两个病人，一起到医院去看病，并且分别拍了X光片。其中一个得的是肝硬化，而另一个只不过是例行的检查。由于医生不小心把两个人的X光片弄错了，最后给他们做出了相反的诊断。结果，原本得肝硬化的人知道自己没病之后，顿时心情舒畅起来，经过一段时间的调养和体育锻炼，身体居然好了起来。而那个没有生病的人被医生误诊之后，整日郁郁寡欢，提心吊胆，最后反而真的生起病来。

　　看了这则故事，你可能会感觉好笑，但是这样的事情却经常发生在我们的身上。你可以扪心自问，在你失败的过程中有多少次是你还没有做出尝试就主动放弃的呢？统计出来，那个数字可能会吓你一跳。人类是有智慧的，我们也经常为此而引以为自豪。但是，智慧也可以成为困扰我们的枷锁。因为在我们做事之前，我们总会把困难分析得太透彻、太明了，因此，我们就会被自己心中所设想的那个困难所吓倒。我们不是倒在敌人的脚下，而是倒在自己的恐惧里。

　　要想成功，我们首先要做的就是战胜恐惧。一个人的心中少了"害怕"这两个字，许多事情就会好办得多。

　　玛丽亚·艾伦娜·伊万尼斯是拉丁美洲的一位女销售员，她在20世纪90年代被《公司》杂志评为"最伟大的销售员"之一。在当时女性地位还比较低的时代，她是怎样做到这一点的呢？

　　她曾在三个星期中旋风般地穿行于厄瓜多尔、智利、秘鲁和阿根廷，她不断地游说于各个政府和各个公司之间，让它们购买自己的产品。而在1991年，她仅仅带了一份产品目录和一张地图就乘飞机到达非洲肯尼亚首都内罗毕，开始她的非洲冒险。她经常对别人说："如果别人告诉你，那是不可能做到

的，你一定要注意，也许这是你脱颖而出的机会。"所以她总会挑战那些让人望而却步的工作，而这种毫不畏惧的精神，也让她成为南美和非洲电脑生意当之无愧的女王。

忘却"恐惧"，可以给我们破釜沉舟的勇气。当年的项羽，就是用这种办法激发了三军将士的勇气，在与强大的敌军较量时取得了胜利，并成就了"楚兵冠诸侯"的英名。无独有偶，西班牙殖民者科尔在征服墨西哥时也用了同一战略。他刚一登陆就下令烧毁全部船只，只留下一条船，结果士兵在毫无退路的情况下战胜了数倍于自己的强敌。

有时，我们需要的就是那么一点儿勇气。面对任何困难都不逃避，就算遇到再大的困难也不说放弃。

当你静下心来、检查自己失败的原因时，可能会有一个惊人的发现，那就是战胜自己并非困难，而是存在于内心的恐惧。每当遇到困难，耳边总会有一个声音对我们说："放弃吧，那根本就是不可能的事。"于是在这个声音面前，我们内心的勇气一点点消退，我们的信心一点点丧失。人的潜能是无限的，它足可以使我们创造出所有的人间奇迹。而大多数人之所以没有办法将自己体内潜藏的能量激发出来，就是因为怀疑和恐惧动摇了他们的信心，以至于阻碍了潜能爆发的源泉。当

你试着抛却恐惧、树立信心、拿出勇气时，或许你会取得连自己都感到惊讶的成绩。

乌斯蒂诺夫曾经说过："自认命中注定逃不出心灵监狱的人，会把布置牢房当作唯一的工作。"可笑的是我们大多数的人花去那么多的精力不是去想如何做才能成功，而是如何才能把自己的牢房建得更好。

使我们疲惫的并非远方的征程，而是我们鞋里的沙子。阻碍我们成功的也并非生活中的困难，而是我们脆弱的心灵。如果我们的内心可以更加坚强一些，强大到可以战胜自己内心的一切弱点，那么，我们或许就会发现其实成功就在眼前。

古希腊的哲学家索福克勒斯说过："人世间有许多奇迹，人比所有奇迹更神奇。"许多事情，我们可能会认为自己无能为力，但实际上，只要你相信自己，你就可以做到，就可以开创自己的奇迹。

第二次世界大战期间，曾有不少苏联飞行员在空战时不幸被敌机击中，生命危在旦夕。以他们的伤势来看，根本就不可能再驾驶飞机，但是他们却凭着顽强的信念，驾机返回了基地。当人们打开舱门的时候，发现的往往是一具散发着余温的尸体。

　　生活就是这样，只要你不怕它，它就会怕你。如果你被它击败的话，那么总有一天，你就会沦为它的奴隶。

　　因此，无论到任何时候，我们都不应该惧怕任何困难，我们要相信，只要我们自己不把头低下，就没有人可以击败我们！

　　如果相信自己能够做到，你就能做到。你心里这么想，你就会这么做。无论面对再大的困难，倘若你能拿出勇气积极地去面对，就会找到战胜困难的办法，从而获得胜利，走向成功。

成功是因为态度

哪些人是你心目中的成功者？

也许他们是一些历史英雄人物，某些著名的企业家、发明家、劳模、球星、影星，或者是你的上司、同事、朋友，当然也可能是你自己。

仔细分析一下，你认为决定他们成功的前三位要素会是什么？

很快，你就能列出一大堆，因为决定不同人成功的关键要素不尽相同。

1．态度

针对同样的问题，我们曾做过调查。经分析与归纳，我们发现其中有一大类因素与我们的自我取向有直接关系，我们

将它定义为"态度"，如积极、主动、努力、果断、毅力、奉献、乐观、信心、雄心、恒心、决心、爱心、责任心……这类因素大概占80%；另一类要素，属于后天修炼所得，叫"技巧"，如善于处理人际关系、口才好、有远见、创造力强、技术好、工作能力强……这类要素大概占13%；还有一些看起来我们无法决定的客观因素，我们将它们归为"其他"类，如运气、机遇、环境、背景、长相、天赋等，这类要素约占7%。

既然决定成功的要素中80%都来源于态度，似乎我们已经可以得出一个结论，成功是因为态度。然而，你也许会认为这一结论似乎有些牵强。因为还有20%非态度因素，或许它们才是起决定性作用的关键要素。

2．技巧

现在，让我们来研究一下"技巧"。

例如，某人有善于处理人际关系的技巧。为什么他的人际关系会很好？其一，他愿意与人接触；其二，愿意真诚与人相处，而此两点是态度问题。相反，假使他真的只是"用脑"做人或用"技巧"做人，而非"用心"做人，则定然日久见人心。用技巧与人相处的结果是得到朋友、得到信任的速度与失去朋友、失去信任的速度一样快。

同样，"口才好"的根源也一定是因为他准备口才的态度：勤学——腹有诗书语自华，多练——梅花香自苦寒来。

为什么"创造力"强？是否也来源于他不断进取、创新的态度，再加上不断努力、尝试、练习、总结、提升自己的态度，而最后造就了他非凡的创造能力。

"技术好"，相信一开始也是因为其愿意练习技术的态度与常人不同……

研究分析所有的"技巧"因素，都会得出同样的结论：态度与技巧其实是因果关系。所有今天的技巧都来源于昨天练习技巧的态度。换句话说，今天的技巧有问题，是因为昨天的态度不够好，而明天的技巧如果不好，那一定是因为今天的态度出了问题。

这13%的"技巧"，若剔除时间因素，就属于"态度"。如此，态度已占成功要素的93%，"成功是因为态度"这一结论似乎具备了更大的说服力。

3. 客观因素

（1）运气与机遇。运气不好，没有机遇，是人们为失败最容易找到的借口。偶尔一次运气，当然归功于运气。然而，成功仅靠一次运气远远不够，因为只靠这一次运气而成功，但

十有八九会因为没有下一次运气而失败。

香港一家著名的杂志曾经做过一次著名的调查。

调查的是历届中六合彩头彩的人，十年跟踪下来，发现一个惊人的事实：他们中大部分人的生活还不如从前。如果不是调查统计，我们定难相信这一结论。然而经它一番分析，就不难理解个中缘由了。

让我来做一些假想与推演，如果你突然中了1000万，一阵惊喜之后，你会做些什么？

买一座大房子，换掉烂车，买辆豪车，辞去早就厌倦了的朝九晚五式的苦差事，带上全家到国外去好好逛一逛，疯狂购物……转眼之间，就花掉了300万。你也许已意识到不能坐吃山空，得做点儿投资才行。首选项目是投资股票，然而没想到自己对股市太缺乏驾驭能力，几年来，不但没赚钱，一路下来，已经亏了200万。

你会不甘心失败，一定还会另谋出路。此时正遇朋友邀请你开一家酒楼，一切条件都不错。于是，说干就干。红火了一阵子之后，你又遇到了新的麻烦，因为管理不善，酒店每天都在亏损。眼见大势不好，你转手出售，结果，又亏了200万。只剩下300万元了，怎么办呢？此时，又一千载难逢的好机会

来了，内地正改革开放。你终于找到了一个绝对会大赚钱的项目——到内地投资房地产。

因为项目眼看着赚钱，手头有300万。你会不会只甘心做300万的生意？不会！于是七拼八凑，左借右贷，终于凑足1000万。这次时来运转，旗开得胜，没多久，项目一转手，还本去息，哈哈，赚足了1000万！外面形势依然一片大好，周围的朋友也个个赚得盆满钵满。嗯，乘胜追击，加大投资，继续以小博大，几番下来，项目越做越大，投资近亿……

然而，你万万没有想到是，房地产过热，内地经济必须调整。一夜之间，"宏观调控"之风吹遍大江南北，房地产泡沫一夜之间也随之幻灭。近亿元的投资被套牢，房子大量积压，项目无法脱手，此时，合作伙伴纷纷撤资，银行见势不妙，也开始大力追还贷款。

接下来，惨不忍睹的景象会是什么？拍卖资产，变卖家产还贷。但这些早已资不抵债了，等待你的命运——破产。

钱，没有了；豪华的房子、车子、舒适的生活也没有了；倒背上了一大堆债。重新去打工？无济于事，也适应不了……十年后，生活真的不如从前！

上述这一切，只不过是众多香港故事的一个缩影。然而它并非神话，不幸的是，这则故事，几乎就像是在讲述我自己在珠海创业的经历一样。所不同的是故事的开头略有差异，我的原始资金来源不是中彩。1994年，我公司的房地产合作项目投资已达几千万。同样的命运，一夜之间，我也像刚才那位中彩者一样，轰然倒下。接下来的几年，我开始走上大部分破产者都会经历的艰难历程……

如果说我的上一次成功是因为机遇很好、运气不错的话，那么，这几年的洗练所孕育出的今天的成绩，我的真实感受是：其中没有任何运气可言，一切都是决心、计划、付出、拼搏、坚持，然后就是不懈的努力，努力，再努力。

无论是香港的中彩者，还是我自己的人生经历，都说明成功靠运气是不够的。成功需要持续的好运气，而持续的好运气肯定不是"运气"的本身在起作用，恰恰是因为积极主动去准备、创造"运气"的态度，以及锻炼把握"运气"能力的态度。

运气是因为态度。

（2）环境与背景。环境、背景对成功有不小的作用力。

所谓时势造英雄，就是说明环境的力量。但让我们转换角度，扪心自问：生长在"英雄"同一环境下有许许多多的人，为什么"时势"只造就他，而没造就其他人？

古人云，富不过三代。既然"背景"如此富有，为何后代不能继续拥有财富？反过来，那如何解释"白手起家"？既然是白手创业，表明没有什么背景；没有什么背景，又靠什么制胜？

按照同理的逻辑推断，"环境、背景"等要素的根源，依然是人们一开始对待它们的态度。

（3）长相与天赋。长相、天赋等所谓与生俱来的先天条件亦是如此。

多少人长相一般，依然成就非凡；多少人长相不错，因为不愿再发掘自身更加无穷的潜质，而一生平庸，甚至失败得更快。

爱因斯坦有一个成功公式：成功=1%天赋+99%汗水。成功当然需要一定的天赋，然而最终起决定性作用的一定是那占99%的"汗水"。靠小聪明成不了大器。"汗水"就是态度……

客观因素肯定是成功的重要因素之一，但是，真正决定今天的"客观因素"如何在个人身上起作用的，一定不是"客观"的本身，而是他昨天练就的把握"客观因素"的能力、技巧，是前天他对待"客观因素"的态度。

即使是"客观因素"，在成功者的字典里同样属于"态度"。

成功，100%都是因为我们的态度！这是一个可怕的结论，也许令你感到震惊。

　　人与人之间的差别，一开始仅在于思考问题的不同方式。让我们用这样的思维方式来思考成功，思考明天，让我们用这样的思维方式去准备成功，准备未来。

　　成功是因为态度。

　　让我们一起细细地、静静地感悟这一令人回味无穷的结论。

失败也因为态度

有些人，如果你问他为什么没有成功或为什么失败的时候，他就会毫不犹豫地说：当然是因为没有机会，学历太低，年纪太大，或太年轻，家里没有背景，产品有问题，公司制度不行，领导不重视我，同事不合作。选错了职业，国家政策不好，大环境就是这个样子等。

你可以看看以上这些"原因"，有哪些是属于自己的态度范畴？好像一个都没有。

试想，他们能不能找到战胜失败的答案？当然找不到了。

好比一个人站在上海人民广场的位置，他想到位于东面的

东方明珠去玩儿，结果却一直往位于西面的虹桥机场方向走，请问他能不能走到？肯定有问题。但也许可以走到，那就是绕地球一圈。不过，当他达到目的地的时候，可能已经是七八十岁的老爷爷了。

他们谈的这些因素，可能真是导致他们失败的原因之一，但是，绝对不是根本原因。这就是为什么一般的人总是到老了的时候才会醒悟，可是已经晚了。最可惜的是，有人一辈子都没有悟到，就在迷茫和抱怨中离开人世，这真是人生中的大不幸。

客观环境很重要，它可以决定一个人暂时的成败，但决不能决定一个人三年、三十年，乃至一辈子的成败。如果一个人一辈子都被客观因素束缚住，没有办法突破，那一定不是客观上的东西在束缚他，而是因为他愿意待在那里，受制于环境。

人对环境有四种基本反应：第一，是离开环境；第二，是改变环境；第三，是适应环境；第四，是抱怨环境。前三种反应，我们都有可能从中找到新的生机，只是千万不要选择第四种反应，因为抱怨的结果只能使人精神颓废。这种人往往把失败的原因归咎于他人与环境，为失败找借口，而不是改变自己的态度，去为成功找方法。

你有什么样的态度，就有什么样的世界。你有什么样的态度，就决定你有什么样的人生。

成功是因为态度，失败也是因为态度。

生活中我们面对的困难很多都是徒有其表，积极面对我们周围的环境，在陷入困境时表现得坚强、勇敢些，拿出坚持到底的勇气和不达胜利决不罢休的决心，克服所遭遇的困难，并最终战胜它们。

失败，与所从事的工作的难易程度相关联。工作的难度越大，就越可能遭受失败。每一个人从事的工作都会有不同的性质，因而难度也各不相同。从科学家、教授从事的脑力劳动到从事简单机械操作的工人的体力劳动，每一个人在相同的劳动时间内所付出的体力和脑力是截然不同的。正如马克思所做的分类，劳动在本质上可以划分成两大类：简单劳动和复杂劳动。虽然简单劳动也创造价值，但其创造的价值在量上与复杂劳动所创造的价值有很大差别。马克思说，复杂劳动表现为叠加的简单劳动，就是从其创造的价值量的角度而言的。简单劳动由于其内涵的自然规律已经比较完整而全面地被人们所掌握，所以，一般人在做这种工作的时候会感觉比较得心应手，轻松自如。但是对于从事复杂劳动的人来说，情况就不是这样

了。复杂劳动往往涉及开创新的认识领域和实践领域，创立新的理论，揭示新的规律，发现新事物和新事实的活动规律。它往往需要一系列新的尝试，并且没有现成经验可循，摸着石头过河的模式只能是边总结教训和经验边前进。在这个过程中，路途很可能会凸凹不平、荆棘丛生，陷阱和暗礁随时都可能使你遭受失败的命运。但机遇与挑战并存，成功与风险共生。所以，尽管这种活动本身的风险有时近乎残酷，但这也构成它本身的魅力。当然，在经过认真的理论准备之后，注意随时保持清醒的头脑，迅速灵敏地反馈信息，及时地根据新情况、新问题调整自己的策略与步骤，成功的希望还是很大的。但是，任何复杂的活动都不可能通过笔直的捷径达到成功的目标，而必然要经过探索、失败，再探索、再失败的多次反复，才能取得最后的成功。在这一过程中，往往前进一步需要退好几步，甚至还需要另辟蹊径，冒无数次的风险。著名数学家华罗庚曾深刻地揭示了科学研究过程中失败与成功的比例关系。他说："科学研究中任何重大的成就，都是需要经过几十次、几百次、几千次甚至上万、几十万次的失败，才能取得的。对于一个科学家来说，失败与成功比起来，失败是经常的，而成功只是少量的。"在创造性的复杂活动中，只有那些有着坚强毅力

的人，才能最终沿着陡峭的山路攀登上风光无限的险峰。

对于一个想通过努力为自己打造辉煌人生的人来说，没有哪种痛苦要比失败所带来的痛苦更让人难以忍受的了。当自己所有的心思都白费，当自己之前所付出的努力一下子都化为乌有时，那种痛苦是常人所不能忍受的。也正是因为有些人承受不起失败的打击，便在痛苦中放弃了自己的目标，从此堕落起来。其实对于任何一个不甘平凡、想要生活得更好的人，在奋斗过程中都避免不了遭遇失败，而在这个时候，千万不要让失败带来的痛苦将我们永远压在它的身下。失败往往会与我们对攻，如果你就此弱了下来，它将会永远折磨你，如果你坚强地与它进行争斗，它就一定会被你的勇敢击败，离你而去。

一个具有宽广胸怀的人，不会被任何打击所击倒，即使是面对一次又一次的失败，他们也会怀有积极的态度去面对；在选择接受的同时，他们还会抱着一种乐观的心态，继续向未来发起冲击，所有的一切都影响不到他们取得胜利的决心。

他是一个渔夫的儿子，在19岁那年他带着所有的积蓄来到了波斯顿开始自己的创业。他用500美金和一个荷兰的小商贩一起开了一家布店，可是没过多长时间两人就散伙了，结果第一次创业就以失败告终了。没过多久他找了一间小房子，和自己

的妻子开了一家小店，经营一些针织类的小商品。但这些东西的利润太小，回购率也太低，根本就没什么钱好赚。结果没过多久就只好关门了。这次失败又让他失去了一大半的本钱。没过多久，他又办起了一个布店，以为自己对这方面有些了解，可以熟练地经营，应该不会有什么风险了，可事实并非如此。当他开业后才发现事情并没有他想得那么简单，当地的人们更喜欢去一些老字号店，对他这个新的店铺根本就不感兴趣，所以生意还是冷冷清清。

就在他对自己的事业有些迷茫的时候，美国的西部掀起了淘金热，他动了心，想去试试，于是又把自己的店铺卖给了自己的一个老伙计，带着妻子开始了淘金的旅程。等他到了加利福尼亚平原才发现淘金的人遍地都是，为了有所收获，他们你争我抢、钩心斗角，想要在这里立足并不是一件简单的事。于是他决定不去淘金，可是他发现这里有更多的商机。他用剩下的一点儿钱在当地开了一家小店，经营一些热门的货物。

一开始，他发现一种用来淘金的工具平底锅卖得非常好，就购进了一大批，以低价销售出去。由于这个工具很好用，需

求量也很大，所以很快就卖空了，他也赚了一笔钱。他用这笔钱购进了更多淘金者用的工具，一律都是低价出售。没过多久，他的小店就因为物美价廉在淘金者中有了声誉，来他店里光顾的人越来越多，他也积累了不少的资金。

尽管生意做得不错，可他还是没有放弃发展的机会，他想把自己的事业做大。"最好的地点就是在东部，只有在那些商务中心开店才是最好的选择，才是一流的商店。"一年以后，他又把自己的店转让了出去，带着妻子回到了东部，在哈弗山开了一家布店。当时虽然店面很小，但所有商品用的都是明码标价，这样的销售方法很受顾客的欢迎，每天小店的客流量都很大。可是因为利润低开销大，每个月的收入都很少，赚来的钱也只能够付房租。没过多久就坚持不下去了，他又一次面对失败。就在他再次陷入绝境的时候，他的老伙伴找到了他，想和他一起在波士顿经营一家店。老伙伴和他说了自己的想法后，他也很感兴趣。因为他从一次次失败中总结出经验，想要把自己的事业做大就必须到最繁华的地方去经营，他打算去纽约。老伙伴听完后也同意他的看法。

他在纽约租了一家店面，开始了他商业辉煌的第一步，在经营这家店的时候，他对每个方面都加强了调整，其中包括对服务和推销方法的改善。经过他不断的改进，10年以后，他的店遍布大半个纽约商街，成为美国最有名的百货公司，直到今天他也是世界上最大的百货公司，那就是美国麦西公司。而这家公司的创始人就是那个被失败折磨无数次的年轻人麦西。

麦西所取得的成绩，靠的就是一颗永不服输、从不向困难低头的决心。面对一次又一次失败给他带来的打击，他都会积极、坦然地面对，宽广的胸怀促使他可以接受一切，任何打击都不能阻止他渴望胜利的决心，也正是因为如此，他最终才创造了人生的辉煌。

积极的自我，造就积极的人生

　　在一次水灾中，一个人被大水困住，他没有办法逃出去，只得爬上屋顶。一段时间后，他的一位邻居用小木板漂了过来，对着这个人说："怎么样，我感觉这次的大水真可怕，你呢？"这个人回答说："不，它并不可怕，而且对于我来说并不是一件特别糟糕的事情。"邻居有点儿吃惊，就反驳道："你怎么还这么乐观，你的家，你的鸡舍已经被冲走了。"这个人又回答："是的，我知道，但是我六个月以前所养的鸭子这时正在附近游泳。""可是，这次大水损害了你的农作物，难道你一点儿都不在乎吗？"这位邻居坚持说。这个人仍然乐

观地说："不，我的农作物因为缺水而干枯了。就在前几天，我还在想办法如何把我的农地浇更多的水，现在这个问题已经解决了。"

可是这位悲观的邻居仍然不死心，再次对他那位乐观的朋友说："但是你看，大水还在上涨，就要涨到你家的窗户了。"这位乐观的朋友笑得更开心了，说道："我希望如此，这些窗户实在太脏了，需要冲洗一下。"

从这个小例子里我们看到，拥有积极心态的人会用积极的态度来应付各种情况。心态，我们的解释是为了达到某种目的而采取的心境或态度，经过一段时间以后，即使遇到消极的情况，你也能使心灵自动地做出积极的反应。但是为了达到这种境界，你们必须以很多良好、有利的信息来充实自己的心灵，甚至随时保持这种状况。

在一次灾难中，一场大水淹没了整个小村庄。村子里的人们都拼命地往外逃，当地政府也派出搜救队，他们拼命地营救每一个村民。这时，一个搜救队员乘着一艘小船来到一个教堂的旁边。他看到了神父，对神父说："神父，快到船上来，一会儿洪水会把你冲走的。"

神父说："不！你走吧，我要守着教堂，上帝会来救我的。"

过了一会儿，洪水已经淹过神父的胸口，他只好站在祭坛上。这时，另一个搜救队员来到教堂，他看见了神父，对他说："神父，快上船吧，不然你会被洪水淹死的！"神父却说："不！我要守着教堂，上帝会来救我的，你先去救其他的人吧。"

又过了一会儿，洪水越来越大，马上就要把神父给淹没了。这时，来了一架直升机，飞行员们看见了神父，他们把绳梯放给了神父，对他说："神父快抓住绳梯，我们会救你上来的。"

可神父还是没有上来，他说："你们走吧，我是不会离开教堂的，上帝一定会来救我的。"就在这时候，一个大浪涌了过来，把神父冲走了，飞行员没有把他救上来，他被洪水淹死了。

神父上了天堂，质问上帝："主啊，我终生奉献自己，你为什么最终不肯救我？""我怎么不肯救你？第一次，我派了舢板来救你；第二次，我又派一只快艇去；第三次，我派一架直升飞机去救你，结果你都不愿意接受。所以，我以为你急着想要回到我的身边来，可以好好陪我。"上帝说。

生命中太多的障碍，皆是由于过度的固执、愚昧和无知所造成的。就像这个固执的神父。危难之际，别忘了，唯有我们自己也愿意伸出手来，别人才能帮得上忙。所以在现实生活中，我们也一定要积极行动起来。

　　成功大师卢克斯说过："先人一步者总能获得主动，占领有利地位。"占领了有利地位就是占有了机会。机会很重要，对机会的反应一样重要。机会是种子，要用它结出胜利的果实。当把握了机会，就得第一时间采取行动，机会稍纵即逝。再者机会对别人也是公平的，机会不等人。

　　机会对于每一个人来说，都是平等的，但为什么有人抓不到，有人却能利用好每一个机会呢？关键在于，你是不是积极行动了。捕捉猎物的时候放空枪，只能眼睁睁地看着猎物消失。捕捉猎物的本领就是及时抓住机会。发现了机会，有的人早有准备，一触即发；有的人却眼睁睁地看着机会溜走。

　　有三个人在一起散步，其中一个人忽然发现前面有一枚闪闪发光的金币，但是他还是定睛看了看到底是不是金币；而第二个人几乎在同一时间，也发现了前面的金币，他大叫起来："那是金币！"第三个人还没等其他两人行动，就一个箭步上去俯身捡起了金币。

　　机会面前，那些能在第一时间采取行动的人，总能得到他们想要的。而那些看见了机会却迟迟犹豫的人，只能在羡慕的眼光中"享受"那原本属于自己的成功。

　　乔格尔家拥有大量的土地，在乔格尔16岁的时候，他的父亲去世了，管理家产、经营家产的重担就落在了乔格尔的肩上。在18岁的时候，他开始按照自己的想法对家园进行了大规模有力的改造，结果取得了很大的成就。

　　那时的农业还处于极为落后的状态，广阔的田地还没有圈起来，农夫也不知道如何灌溉和开垦土地。农夫们工作虽然很辛苦，但是生活依旧十分贫困，他们连一头马都养不起。

　　在乔格尔的家乡，当时连一条像样的路也没有，更不用说有什么桥了。那些买卖牲口的商人要到南边去，只得和他们的牲口一起游过河。一条高耸入云的布满岩石的羊肠小道挂在海拔数百英尺高的山上，这就是通往这个村庄的主要通道。

　　农夫要进出村子都非常困难，更不用说和外界进行贸易了。乔格尔意识到，要想生活有所改变，就得先改变生活了多年的环境。他决心为村子修建一条方便快捷的道路。当老人们知道了这个年轻人的想法后都嘲笑他异想天开，不知道天高地厚。几乎没

有人支持他，也没有人相信他能修出一条路来。

　　乔格尔没有因为别人的意见而放弃，他召集了大约2000名劳工，在一个夏日的清晨，他就和劳工们一起出发，他以自己的实际行动鼓舞着大家。经过了长达2年的艰苦劳动，以前一条仅仅只有6英里长的充满危险的小道变成了连马车都能顺利通行的大路。

　　村子里的人看着眼前的大路，不得不为自己的无知而羞愧，也被年轻人的毅力和能力折服。乔格尔没有就此停止自己的行动，他后来修建了更多的道路，还建起了厂房，修起了桥梁，把荒地圈起来加以改良、耕种。他还引进了改良耕种的技术，实行轮作制，鼓励开办实业。

　　过了几年，在乔格尔的带领下，这个曾经一度很贫穷的小村庄变成了这一带有名的模范村。原本吃饭都成问题的农夫，成为拥有一定产业的有钱人，乔格尔也成为大家敬佩的带头人。乔格尔不甘于安逸享乐的生活，致力于开创性的事业，后来成为英国议会会员。

　　事实上，我们并不缺少成功的机会，缺乏的只是把自己的想法付诸行动的勇气。如果我们能积极行动起来，就能得到

梦想的东西。一个人即使有了创造力，有了智慧和才华，拥有了财富和人脉，还有了详细的计划，如果不懂得去使用这些资源，不愿意或者不敢采取行动，那么这一切都只能说是对这一潜能的最大浪费。

在生活中，机会会降临到每一个人的身上。所以当机会降临时，我们要迎头赶上，放手一搏。如果没有最初的爆发，就没有伟大的成功。正如西奥多·罗斯福所说："只有那些勇于从看台上走到竞技场参与行动的勇敢者，才能成就伟业，才能享有完满的一生。无论成功或失败，你至少要保持积极进取的心态，只有这样，生活才会变得更加美好。"

与希望同在

金斯莱说过："永远没有人力可以击退一个坚决刚毅的希望。"

身处逆境中的人，只要有一种精神的存在或一种精神的寄托，就会使他爆发出无穷的力量，从而让自己渡过难关。很多时候，我们缺少的就是精神动力。

心理学家们发现挫折作为一种心理感受，与个人的特点密切相关。不同的人，在同样一种挫折情境中受到程度相同的挫折时，产生的反应并不一定相同。比如，同样是家中老人去世，有的人可能悲伤至极，痛不欲生；有的人则可能情感淡

漠，无所谓。挫折感的实质，是当事者的一种主观感受。当事者是否受挫，不是取决于旁观者的揣测和推论，而在于当事人对自己的动机、目标和结果之间关系的意识、评价和感受。因此，对某人构成挫折的情境和事件，对另一个人并不一定构成挫折；对某人而言是极为严重的挫折，对另一个人可能只是一般的、轻微的挫折。当事人对于自己所受挫折的认识越明确，受挫事件对自己越重要，则挫折感的体验越强烈；反之，对受挫的意识越模糊，挫折反应越微弱。如果某种挫折事件已经发生，但当事者并未意识到，那么，他也就不会产生受到挫折的感觉。

　　没有人喜欢挫折，也没有人可以拒绝挫折。但是，经过生活的种种磨炼，不同的人却有着不同的结果。有的人如同烈火中的凤凰，在灰烬中得到重生；而有的人却把它当成地狱，并就此沉沦下去。

　　大文豪巴尔扎克说过："世界上的事情永远不是绝对的，结果完全因人而异；苦难对于天才是一块垫脚石……对于能干的人是一笔财富，对弱者是一个万丈深渊。"

　　迪斯雷利出生在一个犹太人家庭中，他的体内流淌的是犹太人那种顽强不屈的血液。"我不是一个奴隶！"在很小的时

候，迪斯雷利就暗暗在心里对自己说，"我也不是一个俘虏，凭着我的精力，我一定能战胜一切困难与不幸。"尽管整个世界似乎都在同他作对，可在他内心深处却始终牢牢地记着历史上那些不朽的犹太人的光辉业绩：约瑟，是四千多年前埃及的最高主宰；丹尼尔，是基督诞生前的5世纪世界上最伟大帝国的元首。

少年的壮志犹如燎原之火，希望与梦想成为一种激情，深深扎根于迪斯雷利的现实生活中。通过不懈的努力和抗争，迪斯雷利从社会最底层跨入中产阶级的行列，接着，迪斯雷利又雄心勃勃地加入了上流社会，直到最终登上了权力的高峰，成为英国的首相。

所有伟大的成功都不是一蹴而就的，迪斯雷利也不例外。在通往成功的道路上，迪斯雷利经历了种种磨难与挫折，他领略了世人的指责、白眼、蔑视、嘲讽等各个方面的攻击。但是无论多大的困难，都没能阻挡住迪斯雷利前进的步伐与决心。"总有一天你们会认识我的价值"，面对所有挑战，迪斯雷利冷静地回答，"这一刻终会到来的。"结果正如他所说的那样，他希望的那一刻终于到来了，这位在世人眼里根本没有

任何希望的人终于出人头地了，他成为英国最伟大的领导者之一。

无论做任何事，只要你心存希望，最终一定能收获成功与胜利。即使我们失败了，也要鼓励自己坚持下去，要知道其实每一次失败都是在为以后的成功增加机会。这一次的拒绝可能是下一次的赞同，这一次皱起的眉头有可能就是下一次舒展的笑容。今天的不幸，往往预示着明天的好运。只要心存希望，我们就不怕别人打击。我们要深知，即便屡遭失败，但只要我们心怀永不放弃的精神就能成功。因为成功者与失败者的区别就在于成功者永远会心存希望。

事实上，失败并不可怕，可怕的是被失败吓住，从此丧失斗志。事实证明，能够走出失败，超越失败的人往往会取得成功。

19世纪，在威尔士某个小镇上，每年圣诞节到来的时候，镇上所有的居民便会一起聚集到教堂祷告。这项传统已经沿袭了近500年。午夜到来前，他们会点起蜡烛，唱着圣歌和赞美诗，然后沿着一条乡间小径，走到几里外的一栋破旧小石屋里。他们在屋里摆起马槽，模仿当年耶稣诞生的情景，接着众人怀着虔诚的心情，跪下祷告。他们和谐的歌声温暖了12月的寒风，只要是能走路的人，都不会错过这场神圣的典礼。

　　镇上的居民都相信，只要他们在圣诞节满怀信心地祷告，在午夜来临的那一刻，耶稣基督会在他们眼前复活。500年来，一代又一代的居民每逢圣诞节都要到这座小石屋里祷告，但每一年他们都失望而归。

　　"你真的相信耶稣基督会再次在我们镇上现身吗？"书中的主角被问道。

　　"我不相信。"他摇了摇头回答说。

　　"那你何必每年都去小石屋呢？"

　　"嘎，"他笑着回答说，"万一耶稣基督复活，而我没亲眼目睹，那我岂不是会遗憾终身？"

　　也许你同这个主角一样信心不够坚定，但他毕竟抱着一线希望，正如《新约圣经》所说的，只要我们心中有像芥菜种子那般的信心，就有机会敲开天国之门。

　　人最怕的就是没有志气。没有志气会使人失去面对现实、与困难斗争的勇气。而与此相反，希望却正如坚强的生之意志，它能使一切看似无可救药的事物终获生机，欣欣向荣。如果一个人的心灵有了希望，还有什么东西能打败他呢？

　　池田大作曾经说过："我的恩师，户田城圣创价学会第

二代会长，经常向我们青年说：'人生不能无希望，所有的人都是生活在希望当中的。假如真的有人是生活在无望的人生当中，那么他只能是失败者。'人很容易遇到失败或障碍，于是悲观失望，挫折下去，或在严酷的现实面前，失掉活下去的勇气；或怨恨他人；结果落得个唉声叹气、牢骚满腹。其实，身处逆境而不丢掉希望的人，肯定会打开一条活路，在内心里也会体会到真正的人生欢乐。"

保持"希望"的人生是有力的。

失去"希望"的人生，则走向失败。

"希望"是人生的力量，在心里一直抱着美梦的人是幸福的。

也可以说抱有"希望"活下去是只有人类才被赋予的特权。只有人，才能由自身释放出面向未来的希望之"光"，才能创造自己的人生。

在走向成功征途中，最重要的既不是财产，也不是地位，而是在自己胸中像火焰一般熊熊燃起的信念，即"希望"。

在这个世界上，希望这种东西任何人都可以免费获得，所以成功者最初都是从一个小小的希望开始的。希望就是成功的源泉，希望能够左右一个人一生的成败。无论我们面对什么样的生活，都不要压抑自己的希望，只要我们拥有希望就能冲破逆境，

获得新生。哪怕条件再恶劣，也能获得良好的结果，那是因为我们的思想中有着坚定不移的信念——将希望变成现实。

第二章

找到成功的感觉

如果你坚持只要最好的，往往都能如愿

生活的快乐与否，完全决定于个人对人、对事物的看法如何：因为生活是由思想造成的。

有个老木匠准备退休了，他告诉老板自己年纪大了，不想再做盖木房子的手艺了，他知道这样收入会少些，但还是决定退休。想和老伴过清闲的退休日子，享受晚年的生活。

老板舍不得他的好工人走，问他看在多年的交情上是否愿意再帮忙盖"最后一栋房子"。老木匠答应了，但很容易看得出来，老木匠的心已经不在盖房子上面了：他用的是软料、次

料，出的是粗活儿，所以手工非常粗糙，工艺做得更是马马虎虎。

老木匠穷其毕生最后的精力，却将这"最后一栋房子"盖得这么坏，真是惭愧！其实，用这种方式来结束他的事业生涯，实在有点儿不妥！老木匠终于草草地完成了"最后一栋房子"，他请老板来验收。

老板来到房子前面，见到老木匠，手里递过一把钥匙给老木匠，拍拍老木匠的肩膀，诚恳地说："这是你的房子，是我赠送你退休的礼品！"

木匠惊呆了，他震惊得目瞪口呆，羞愧得无地自容。事到如今，返工已不可能，如果他早知道是在给自己建房子，他怎么会这样呢？他一定会用最好的材料、最好的技术，然而现在却建成了"豆腐渣工程"！可是一切已经来不及了，现在他得住在一幢粗制滥造的房子里！他只能自作自受。

老木匠这时痛心疾首，因为他一辈子的英名也就这样毁了，同时还要接受惩罚，让自己人生的最后阶段住在这个让他一辈子感到耻辱的地方。后来老木匠含着对自己的恨离开了人世，在离

开人世之前在这座房子大门上装了一个大匾，上面写着：

　　生活是自己创造的！

　　你今天的生活，

　　取决于昨天的态度和抉择；

　　而你未来的明天，

　　也会反映出今天的态度和抉择。

　　我们又何尝不是这样，总是漫不经心地在经营我们的生活，在建造生活这个房子的时候，我们常常是消极应付而不是积极主动，凡事不肯精益求精、追求卓越。在关键时刻又不肯尽最大努力，而让自己做出来的事情不太完美。

　　我们常常找好多理由来原谅自己在生活中不去尽力，原谅自己在生活中敷衍、懈怠。直到看到自己的成品，发现将住在自己所盖的"房子"里之后，我们才感到震惊！

　　猛然间，我们面对自己目前的局面却措手不及。如果之前就知道，自己会生活在自己的创造品下就不会这样了！

　　把自己当成那个老木匠，想想自己的房子，每天当自己要钉一个钉子、铺一块墙板时，多尽点儿力，做仔细点儿，自己的生活只有这一次机会去完成。哪怕还再活一天，那一天也要生活得完美和高尚。就好比是在营造你的一生一样，即使只会

在里面住几天，为了那几天，都要做的好，住得有尊严。

生活是一门自修课，谁还能比自己更懂自己呢？自己今天的生活成果，来自于自己过去对生活的态度和抉择；而明天的生活成果，就是自己今天对生活的态度和抉择的结果。如果没有以一个追求卓越表现的态度来经营我们的人生，我们终将会像这位老木匠一样含恨而去。

很多人以为自己在为别人做事，做好做坏一个样，不必为自己的二流表现承担任何责任，但说实在的，如果你一直都这样做事情的话，相信在你的内心深处也是不会安宁的。

人生需要有敬业的态度，要么不做，要做就要把所做的每一件事情做到最好，这样到我们死的时候，我们才会觉得自己的人生没有白过，因为我们为这个社会创造了不少价值。如果你在工作中能创造出一个人见人爱，能流传上百年、上千年的东西出来，我觉得那将是这辈子最大的福气，也是我们对这个社会最大的贡献。

我们每一个人都要有追求卓越的敬业态度，所谓敬业就是敬重你的工作！在心理上敬业有两个层次，低一点的层次是拿人钱财，与人消灾，是为了对雇主有个交代。

如果你要的是二流或三流的，你就不会去寻找获得一流事

物的方法，你也永远与一流事物无缘。

如果你坚持要最好的，你会留心观察一流事物，模仿一流的表现，探询一流的解决方法。

毛泽东虽然出身农民家庭，但他没有像其他农民那样憧憬"二亩地一头牛，老婆孩子热炕头"的小农生活，而是志存高远，以拯救斯民于水火为己任。为了实现这个理想，毛泽东年轻时刻苦学习，努力实践，广泛接触社会的三教九流，寻求救国救民的真理。为了实现远大的理想，他毁家革命，付出了他人难以相象的巨大牺牲，最后终于实现了自己的梦想。

只要有坚持不懈的精神，即使你本身有很多地方不如别人，只要你能准确的定位，也能获得超乎想象的成功，甚至超过在各方面比你强的人。所以说坚持也是一种机会。

如果有谁向我们说：一个中枢神经残废、肌肉严重萎缩、失去了行动能力、手不能写字、话也讲不清楚，终生要靠轮椅生活的青年，凭借一个小书架、一块小黑板，还有一个他以前的学生做助手，竟然在天文学的尖端领域——黑洞爆炸理论的研究中，通过对"黑洞"临界线特异性的分析，获得了震惊天文界的重大成就，对此，你一定会感到惊奇，然而，这却是不容置疑的事实，他为此荣获了1980年度的爱因斯坦金奖。

　　他的名字叫史蒂芬·霍金，是个英国人，当时只有35岁。作为天文学家，他从不用天文望远镜，却能告诉我们有关天体运动的许多秘密。他每天被推送到剑桥大学的工作室里，干着他饶有兴味的研究工作。

　　我们常常惊叹那些专业知识底子甚薄，然而在某些或某一个特殊方面、特殊领域成就卓著的"鬼才"们。其实，奇人霍金的研究方式和研究手段及他借此而获得的高度成就，说明世间还有另一类"鬼才"，即由于残疾之类不幸的折磨和求生意愿的炽烈而激发的特殊洞察力或特异才能。只要人的精华——思维着的大脑依然蓬勃地工作着，就有无可限量的人生希望和创造潜力，就不存在不能克服的困难。在这里，悲观或者乐观，坚强或者懦弱，前进还是退却，依附还是自立，像效率可靠的阀门一样，给残疾人的生存智慧开启着成功之路的机遇。

　　霍金的获奖，赢得了科学界公认的理论物理学研究的最高荣誉。即使体魄健全、研究工作条件一流的理论物理学的研究工作者们，又能有几个人获得这样的殊荣？

成功是"想要"，而非"一定要"

你到底是想要成功，还是一定要成功？想要，跟一定要有绝对的差别，世界最顶尖的成功人士，都决定一定要，而一般没有成功的人，都只是想要而已。我认为，成功有三个最重要的秘诀：第一是有强烈的欲望，第二也是要有强烈的欲望，第三还是要有强烈的欲望。

杰克和迪曼从小就热爱歌唱。在家乡的酒吧里，两人一起开始了演唱生涯，并很快成为挚友。在酒吧唱了几年，他们偶尔也会被当地的电视台请去助场，在家乡小有名气，颇受观众欢迎。可是，两个人都不满足于现状，怀着伟大的梦想：有一

天要去柏林，站在令世人瞩目的神圣殿堂国家歌剧院的舞台上演出。

机会终于来了，柏林国家歌剧院面向全球招聘签约歌唱演员，杰克和迪曼马上去报名，互相鼓励，信心勃勃。

经过几轮选拔，迪曼如愿成为柏林国家歌剧院的一名签约演员，而杰克落选了，他无比沮丧。两人的命运似乎就此不同，但事实并非人们预想的那样。

迪曼踌躇满志地走进了柏林国家歌剧院，仿佛看见幸运女神的微笑，照耀着自己光明的前途。起初，他对一切都充满了敬畏和好奇，近距离地接触那些大师，更让他激动不已。他和一同招入的几十名年轻人，被安排在合唱团，主要工作是为大师们的歌剧伴唱。虽然几乎没有什么露脸的机会，甚至在和谐动听的合唱声中，他几乎听不见自己的声音，但迪曼坚信，通过自己的努力，他一定能够成为一部歌剧的主角。

迪曼勤奋刻苦，也很谦逊好学。其实，合唱团的每一位青年都是如此，怀揣着瑰丽梦想来到这里。但几年过去了，他们中只有寥寥几位被挑了出来，成了歌剧的签约主角，更多的人

和迪曼一样，仍然是合唱团的普通一员。艺术总监遗憾地告诉他们，主角永远只有区区几位，更多的人只能当配角。

此时，自认星途黯淡的杰克，却意外地崭露头角，凭借经验、实力和独特的忧伤气质，成为大名鼎鼎的歌唱演员，活跃在全国各地的舞台上。每到一处，都会引来欢呼声和掌声。

杰克曾经力邀迪曼回到他们的二人组，共同打拼。迪曼拒绝了。他虽然没能站在巨人的肩膀上，但他好不容易站在了巨人的身边，他舍不得放弃这一切。

著名华人歌唱家莫华伦，也曾经是柏林国家歌剧院的签约演员，主演过多部著名歌剧。有一次接受电视采访，他说，"柏林国家歌剧院确实荟萃了众多著名歌唱家，可是，能报出名字的永远只是可数的几位。绝大多数优秀的歌唱演员只能沦为配角，一生为别人伴唱。其实，一个大师荟萃的地方，最容易埋葬一个人的才华。"

走到大师荟萃的地方，并不表示你也能成为大师，可能你的一生都站在他的影子之下。

初逢一女子，憔悴如故纸。她无穷尽地向我抱怨生活的不

公，刚开始我还有点儿不以为然，但很快就沉入她洪水般的哀伤之中了。你不得不承认，有些人就特别的倒霉，女人尤多。灾难好似一群鲨鱼，闻到人伤口的血腥之后，就成群结队而来，肆意啄食他的血肉，直到将那人的灵魂吃成一架白骨。

"从刚开始，我就知道自己这辈子不会有好运气的。"她说。

"你如何得知的呢？"我问。

"我小时候，一个道士说过——这个小姑娘面相不好，一辈子没好运的。我牢牢地记住了这句话。当我找对象的时候，一个很出色的小伙子爱上了我。我想，我会有这么好的运气吗？没有的。就匆匆忙忙地嫁了一个酒鬼，他长得很丑，我以为一个长相丑陋的人，应该多一些爱心，该对我好，但霉运从此开始。"

我说："你为什么不相信自己会有好运气呢？"她固执地说："那个道士说过的……"

我说："或许，不是厄运在追逐着你，是你在制造着它。当幸福向你伸出双手的时候，你把自己的手掌藏在背后了，你不敢和幸福击掌。但是，厄运向你一眨眼，你就迫不及待地迎了上去。看来，不是道士预言了你的命运，而是你的不自信引发了灾难。"

她看着自己的手，迟疑地说："我曾经有过幸福的机会吗？"

我无言。有些人残酷地拒绝了幸福，还愤愤地抱怨着，认为祥云从未卷过他的天空。

幸福很矜持，遭逢的时候，它不会夸张地和我们提前打招呼；离开的时候，也不会为自己说明和申辩。幸福是个哑巴。

你是否有胆量嘲弄自己呢？你能否从某个逆境中发觉某种幽默呢？

找到成功的感觉

世间没有任何东西，能比成功的感觉更令你舒服的了。

快乐的人生在于不断成功，而成功是我们来到这个世界上唯一的目的。

成功有挡不住的诱惑，它激励着无数渴望成功的人们为之奋斗、付出乃至牺牲生命。为了成功，科学家走出了现实的时空，忘却了现实的困难、苦恼，把注意力投向未来，成为时代的真正超人。

拿破仑亲率军队作战时，同样一支军队的战斗力，便会增强一倍。原来，军队的战斗力在很大程度上基于士兵们对于统帅的

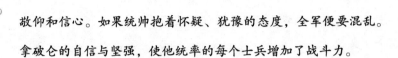

敬仰和信心。如果统帅抱着怀疑、犹豫的态度，全军便要混乱。拿破仑的自信与坚强，使他统率的每个士兵增加了战斗力。

　　如果有坚强的自信心，往往能使平凡的人做出惊人的事业来。胆怯和意志不坚定的人，即便有出众的才干、优秀的天赋、高尚的性格，也终难成就伟大的事业。

　　一个人的成就，绝不会超出他自信所能达到的高度。如果拿破仑在率领军队越过阿尔卑斯山的时候，只是坐着说："这件事太困难了。"无疑，拿破仑的军队永远不会越过那座高山。所以，无论做什么事，坚定不移的自信心，都是达到成功所必需的和最重要的因素。

　　坚定的自信心，便是成功的源泉。不论才干大小、天资高低，成功都取决于坚定的自信心。相信能做成的事，一定能够成功。反之，不相信能做成的事，那就绝不会成功。

　　有一次，一个士兵骑马给拿破仑送信，由于马跑得速度太快，在到达目的地之前猛跌了一跤，那马就此一命呜呼。拿破仑接到了信后，立刻写封回信交给那个士兵，吩咐士兵骑自己的马，火速把回信送去。那个士兵看到那匹强壮的骏马，身上装饰得无比华丽，便对拿破仑说："不，将军，我这个平庸的

士兵，实在不配骑这匹华美强壮的骏马。"

拿破仑回答道："世上没有一样东西，是法兰西士兵所不配享有的。"

世界上到处都有像这个法国士兵一样的人！他们以为自己的地位太低微，别人所有的种种幸福，是不属于他们的，以为他们是不配享有的，以为他们是不能与那些伟大人物相提并论的。这种自卑的观念，往往成为不求上进、自甘堕落的主要原因。

有许多人这样想：世界上最好的东西，不是他们这一辈子所应享有的。他们认为，生活上的一切快乐，都是留给一些命运的宠儿来享受的。有了这种自卑心理后，当然就不会有出人头地的想法。许多青年男女，本来可以做大事、立大业，但实际上竟做着小事，过着平庸的生活，原因就在于他们自暴自弃，他们没有远大的理想，不具有坚定的自信心。

与金钱、权力、出身、亲友相比，自信是更有力量的东西，是人们从事任何事业最可靠的资本。自信能排除各种障碍、克服种种困难，能使事业获得圆满成功。

有的人最初对自己有一个恰当的估计，自信心能够处处胜利，但是一经挫折，他们却半途而废，这是由于自信心不坚定的缘故。所以，光有自信心还不够，更需使自信心变得坚定，

那么即使遇着挫折，也能不屈不挠，向前进取，绝不会一遇困难就退缩。

如果我们去分析研究那些成就伟大事业的卓越人物的特质，那么就可以看出一个特点：这些卓越人物在开始做事之前，总是具有充分信任自己能力的坚强自信心，深信所从事之事业必能成功。这样，在做事时他们就能付出全部的精力，排除一切艰难险阻，直到胜利。

玛丽·科莱利说："如果我是块泥土，那么我这块泥土，也要预备给勇敢的人来践踏。"如果在表情和言行上时时显露着卑微，每件事情上都不信任自己、不尊重自己，那么这种人自然得不到别人的尊重。

造物主给予我们巨大的力量，鼓励我们去从事伟大的事业。而这种力量潜伏在我们的脑海里，使每个人都具有宏韬伟略，能够精神不灭、万古流芳。如果不尽到对自己人生的职责，在最有力量、最可能成功的时候不把自己的本领尽量施展出来，那么对于世界将是一种损失。

苏秦为实现参与时政、影响诸侯的理想，发奋读书。夜间读书时疲倦欲困，则引锥自刺其股，血流至足；有时则把头发拴在房梁上，靠强制方式止困，最后终成大器。

我们应具备稳操胜券的心理

有人曾问古希腊犬儒学派创始人安提司泰尼："你从哲学中得到了什么呢？"

他回答说："我发现了自己的能力。"

正是这种能力的获得，使人的思想和情感有了往高尚和纯粹境界提升的可能。

一个人如果缺乏发现自己的能力，也就是缺乏对自己的审查、怀疑、反省、忏悔的能力，缺乏深入探究事物真相和本质的能力。他便会被自己蒙蔽，稀里糊涂地虚耗和损害自己的生

命，甚至给别人、给社会带来伤害。

　　"不识庐山真面目，只缘身在此山中。"我们是很难有自知之明的。倘若你既没有自知之明又狂妄自大，就如一个人衣冠楚楚、彬彬有礼，一派绅士风度，却在屁股后面露出一根毛茸茸的尾巴，让人忍不住发笑。事实上，这类笑话是司空见惯的。

　　其实发现自己，就是发现另一个自己，发现假面具后面一个真实的自己，发现一个分裂的自己的各个部分，发现自己的局限、偏见、愚昧、丑陋、冷漠、恐惧，发现自己的热情、灵感、勇气、创造力、想象力和独特的个性。

　　事实上，一个人多多少少是分裂的，在分裂的各个自我之间进行平等、理性的对话，正是一个人的内省过程，正是一个人的悟性从晦暗到明亮的过程。正如真理愈辩愈明，在各个自我之间的诉说、解释、劝慰乃至激烈的辩论中，我们心灵深处的仁爱、智慧和正义感才有可能浮出海面。

　　安提司泰尼是善于发现自己的人。他看到铁是被锈腐蚀掉的，他评论说，嫉妒心强的人被自己的热情消耗掉了——他是在同自己的嫉妒谈话，对自己潜伏着的嫉妒心做出严正警告。他常去规劝那些行为不轨的人，有人便责难他和恶人混在一起，他反驳道，"医生总是同病人在一起，而自己并不感冒发

烧"——他是在同自己的德行和自信谈话。一次，恶棍们为他鼓掌，他说，"我很害怕自己做了什么错事"——他是在同自己的警惕性谈话。他认为一个想不朽的人，必须要忠实而公正地生活——必须是在同自己的信念谈话……

发现自己，既是一种能力和智慧，又是一种德行、一种高贵的人格境界，更是认识自我、发挥潜能的能力。

高尔夫球手米德苛夫博士在一篇文章中写道，"稳操胜券的心理"是高尔夫球赛中争取冠军的真正秘密。他说："在去年名人赛中，我挥出第一杆的前四天，我有一种我一定会赢的感觉，我觉得我挥杆击球的每一个动作都恰到好处，肌肉活动也使我称心如意，挥击自如。在将球打入洞时，我也一样有那种美妙的感觉。我明知我握杆的姿势及两脚的位置仍和往常一样，但在我心中一有那种感觉之后，我只要随意一挥转，自然就稳操胜券了。"

米德苛夫还说："那种稳操胜券的心理，是每个高尔夫球好手的秘密。"当你有这种心情时，连球都会听你的话，而且这种心情似乎也可以控制那不可捉摸的运气。

反之，对于未来可能发生不利的想法，可使我们忧心如焚，伴随而来的就是焦急、无法或是屈辱的感觉，这是怎样来

的呢？依实际情形而论，我们是在提前尝试某种情况下的心情，仿佛我们已经真的失败一样。我们使自己看到了失败，不是模模糊糊或大而化之地看一下，而是活生生地想出来的。我们的自动创造系统，一直随着环境及周围情况而发生适应作用。对于环境及周遭情况，唯一可以传递给它的资料，是你所设想的那些环境或周遭的情况。

要是我们念念不忘失败，而且不断地把失败的景象灌输给我们的脑中枢，使它越发深刻及生动，以至于我们的神经系统也确认其为真，则我们就会有失败的感受。

相反，若我们脑子里，一直有个积极目标，又一再生动地把这个目标向自己灌输，使它更加深刻清晰，并且把它看作是一个已经实现的事实，则我们就会产生一种"稳操胜券的心理"：自信、勇往直前而且深信结果一定满意。

要是下意识创造系统的运用有什么秘诀的话，那就是唤起、抓住及启发成功的感觉。当你感到成功及自信时，你就会有成功的举动。要是这种感觉非常强烈，那就会无往而不胜了。

稳操胜券的心理本身是不会使你成功的，但是它是一种暗示，象征着我们正朝着成功迈进。就如温度计一样，温度计本身，不能使其所测量的地方变得更热或更冷，不过，温度计对

我们却有很大的用途。你能感到那种稳操胜券的心情时，你的内部机器就已经在成功的方向上了。

有意地促成自发力量，反而会摧毁自发作为。只要简单地定下你的目标或最后的结果，反而有效得多。要清晰而生动地对自己灌输这种目标，再体会当你实际达到目标时的那种心情，你就会自发地产生富于创意的作为。换句话说，你如此做就是利用你下意识的力量，而你的内部机器也就朝成功的方向定了位，就会引导你做出正确的肌肉动作，也就会使你想出更富有创意的见解，以及其他种种达到目标的必需之物。

稳操胜券的心理真如魔术般极具功效。它似乎可以摧毁困难和障碍，并利用错误及失算来达到成功。

美国潘尼百货公司的老板J.C.潘尼曾经讲过，在他父亲临终时，他听到父亲说："我知道吉姆（潘尼小名）一定会成大器的。"打从那时起，潘尼就觉得他会成功，而且是无论如何都会成功，虽然那时他并无资产，一文不名，也没有受过什么教育。如今，潘尼那大大小小的连锁商店，竟是在不可能的环境及艰苦中成立起来的。每当他感到沮丧时，他就会记起父亲的预言，感到无论如何都要克服这些困难。

在他发财之后，他曾一度地把所有的钱赔光，那时他年纪已经相当大了，有很多人在他那个年纪早已退休了。他发现自己已是一文不名，年岁又大，希望渺茫，不过他又再度记起父亲的话，不久，便又充满了那种稳操胜券的心理，于是他便东山再起，几年之间，他的店铺开得比以前还要多。

哈佛大学校长艾略德曾以《成功的习惯》为题，做过一次演讲，他说，很多小学生在学校的功课不好，成绩的失败，是由于没有给他们足够数量可能成功的功课，以至于他们没有机会去发展一种"成功的气氛"，或是我们所称的稳操胜券的心理。他说，在早期生活中没有经历过成功的学生往往没有机会养成"成功的习惯"——那是在从事新工作时，自然有的一种信念和自信。他鼓励老师们在教低年级时，为学生安排一些容易成功的工作，使学生们有机会体会到成功的欣慰。那种工作必须是学生们能够胜任，同时能够引起他们的兴趣，使他们感到热衷而引起自发的创造性。艾略德博士说："'小小成功'可使学生们有'成功的感觉'，这在他日后的工作中会有无价的帮助。"

我们是可以得到"成功的习惯"的，只要依艾略德博士对老师们的建议去做，我们便可在任何时间、任何年龄，把成功

的模式及感觉注入我们脑子的灰质中。要是我们一直都为"失败"而耿耿于怀，很可能就会染上"失败的感觉"，而使我们所作所为遭受不利的影响。要是能妥为运用，使我们在小事上成功，那就会造成一种成功的气氛，它可以延伸到大事上去，我们便能做更困难的事，在成功之后就可以有资格去从事更富挑战性的事了。所以，我们可以说，成功是建筑在成功的基点上，"一事成功，万事顺遂"一语是再真实不过了。

获取成功的精神因素

《获取成功的精神因素》一书的作者克莱门特·斯通指出："强者之所以成为强者，就是因为他们敢为别人所不敢为。"

走运的人一般都是大胆的。除了个别的例外情况，最胆小怕事的人往往是最不走运的。幸运可能会使人产生勇气，反过来勇气也会帮助你得到好运。当然，"大胆"不同于"鲁莽"，二者是有本质区别的。如果你把一生的储蓄孤注一掷，采取一项引人注目的冒险行动，在这种冒险中你有可能失去所有的东西，这就是鲁莽轻率的举动。如果你对要踏入一个未知世界而感到恐慌，然而还是接受了一项令人兴奋的新的工作机

会，这就是大胆。

J.保罗·盖蒂是石油界的亿万富翁、一位最走运的人，在早期他走的是一条曲折的路。他上学的时候，认为自己应该当一位作家，后来又决定从事外交部门的工作。可是，出了校门之后，他发现自己被俄克拉荷马州迅猛发展的石油业所吸引，那时他的父亲也是在这方面发财致富的。搞石油业偏离了他的主攻方向，但是他觉得他不得不把自己的外交生涯延缓一年。作为一名盲目开发油井的人，他想试试自己的手气。

盖蒂通过在其他开井人的钻塔周围工作筹集了钱，有时也偶然从父亲那里借些钱（他的父亲严守禁止溺爱儿子的原则，他可以借给儿子钱，但是送给他的则只是价值不大的现金礼物）。年轻的盖蒂是有勇气的，但不是鲁莽的。如果一次失败就足以造成难以弥补的经济损失的话，这种冒险事他从来没有干过。他头几次冒险都彻底失败了。但是在1916年，他碰上了第一口高产油井，这个油井为他打下了幸运的基础，那时他才23岁。

格蒂的走运是应得的，他做的每一件事都没有错。那么，盖蒂怎么会知道这口井会产油呢？他确实不知道，尽管他已经收集了他能得到的所有事实。"总是存在着一种机会的成分的，"他说，"你必须乐意接受这种成分；如果你一定要求有肯定的答案，那你就会捆住自己的手脚。"

在19世纪80年代，约翰·洛克菲勒已经以他独有的魄力和手段控制了美国的石油资源，这一成就不仅取决于他从父亲那里学到的经商哲学，从母亲那里学到的精细、守信用、一丝不苟和笃信宗教的品德，更主要的是受益于他从创业中锻炼出来的预见能力和冒险胆略。

1859年，当美国在宾夕法尼亚州泰特斯维尔出现了第一口油井时起，洛克菲勒这位精明的青年商人就从当时的石油热潮中看到了这项风险事业的前景是有利可图的。他在与合伙人争购安德鲁斯—克拉克公司的股权中表现出非凡的冒险精神。

拍卖从500美元开始，洛克菲勒每次都比对手出价高，当标价达到5万美元时，双方都知道，标价已经大大超出石油公司的实际价值，但洛克菲勒满怀信心，决心要买下这家公司，当对方最后出价7.2万美元时，洛克菲勒毫不迟疑地出价7.25万美元，最后终于战胜对手。

年仅26岁的洛克菲勒经营起当时风险很大的石油生意，当

　　他所经营的标准石油公司在激烈的市场竞争中控制了美国出售全部炼制石油的90％时，他并没有停止冒险行动。

　　到19世纪80年代，利马发现了一个大油田，因为含碳量高，人们称之为"酸油"，当时没有人能找到一种有效的办法提炼它，因此只卖一角五分一桶。洛克菲勒预见到这种石油总有一天能找到一种方法提炼它，坚信它的潜在价值是巨大的，所以执意要买下这个油田。当时他的这个建议遭到董事会多数人的坚决反对，事后他只得说："我将冒个人风险，自己拿出钱去关心这一产品，如果必要，拿出200万、300万。"洛克菲勒的决心终于迫使董事们同意了他的决策。结果，不过两年多时间，洛克菲勒就找到了炼制这种酸油的方法，油价一下由一角五分涨到一元，标准石油公司在那里建造了全世界最大的炼油厂，赢利猛增到几亿美元，董事会的成员们最后不得不承认，洛克菲勒比他们所有的人都看得远，比他们所有的人都有更加强烈的冒险意识。

　　大凡成功的企业家都是战略家，他们有极强的预见能力，他们的眼光盯着未来；他们只要认准一个目标，就要锲而不舍地干下去，直到成功为止。

　　克莱门特·斯通说："冒险意味着充分地生活。一旦你明白它将带给你多么大的幸福和快乐，你就会愿意开始这次旅行。"

　　世界的改变、生意的成功，常常属于那些敢于抓住时机、适度冒险的人。有些人很聪明，对不测因素和风险看得太清楚了，不敢冒一点儿风险，结果聪明反被聪明误，永远只能糊口而已。实际上，如果能从风险的转化和准备上进行谋划，则风险并不可怕。

　　茫茫世界风云变幻，漫漫人生沉浮不定，而未来的风景却隐在迷雾中，向那里进发，有坎坷的山路，也有阴晦的沼泽，深一脚浅一脚，虽然有危险，但这却是在有限的人生中通往成功与幸福的捷径。

第三章

主动超越自己

了解自己的潜能

　　所谓潜能，是相对于意识而言的一个心理学概念，指的就是潜藏在我们一般意识中的一股神秘的力量，是不显露于表面的大脑认知、思想等心智活动，又被称作右脑意识、宇宙意识、祖先脑。如果将人类的整个意识比喻成一座冰山的话，那么浮出水面的部分就是属于显意识的范围，约占意识的5%，换句话说，95%隐藏在冰山底下的意识则是潜意识。

　　弗洛伊德说，人每天都会受到不同程度有形或无形的刺激，而人脑对于周边事物的刺激，会产生不同程度的反应。有意识接收是人脑对于周边事物的刺激有知觉地接收信息；无意

识接收是人脑对于周边事物的刺激不知不觉地接收，也就是所谓的潜意识。

　　我们每个人的体内，都潜藏有大量的能量。如果人体内所潜藏的能量可以完全开发出来的话，其能量是巨大的。

　　最早，美国著名的心理学家詹姆斯认为，一个普通人只利用了其自身能力的10%，还有90%的能量没有得到开发。后来的一位学者则认为人类所利用的能量只占其全部能量的6%。1980年，世界著名的心理学家奥托则认为这个比例应下降到4%，也就是说人类还有96%的能量没有得到开发和利用。

　　我们且不去讨论哪组数字更为准确，至少有一点可以相信，那就是人类还有很大一部分的能量没有被开发出来。苏联科学家伊凡·叶夫莫雷夫曾这样说过："在正常情况下工作的人，一般只使用了其思维能力的很小一部分。如果我们能迫使大脑发挥其一半的工作能力，我们就可以轻而易举地学会40种语言，也可将一本苏联大百科全书背得滚瓜烂熟，还能够学完数十所大学的课程。"

　　心理学家认为，潜意识并没有判别或选择的能力，也就是说，你怎么发出信息，潜意识就怎么接收。科学家们曾做过这样一个试验，他们在一个学校里随机挑选了几名孩子，然后

对他们说，经过测试，你们的智力都是超过常人的。过了十几年，科学家们再对当初那些孩子做跟踪调查，结果发现当年那些孩子现在都非常优秀，做出了超过常人的贡献。因为那些孩子从潜意识里告诉自己：我是优秀的，而潜意识便接受了这样的信息。潜意识喜欢带感情色彩的信息；不识真假，直来直去；它易受图像的刺激；它记忆力差，需要强烈刺激或重复刺激。如果你不断地向大脑发出一种信息，潜意识就会接收并帮你实现。

潜意识的能量就是这样巨大，远非显意识可比。曾经有一位音乐家，被囚禁多年，四肢不能动弹，他被放了出来之后就被应邀出席一个世界音乐盛会，结果他的钢琴弹得比原来还要高超。于是有人问他："你被关了这么多年，身体不能动弹，为什么几年来第一次弹钢琴，不但没有退步，反而进步了许多呢？"这位钢琴家回答说："在我住监狱的日子里，我的头脑里面每天都有架想象中的钢琴，我虽然不能动，可我的思想每天都在弹它。"

但是，令人深感遗憾的是，我们大多数人都没有意识到自己体内所潜藏的这些能量。于是，它们也只能孤独地、寂寞地在我们的体内继续沉睡。

　　美国著名的心理学家陆哥·赫胥勒曾经说过："编撰20世纪历史时可以这样写：我们最大的悲剧不是令我们恐怖的地震，不是连年战争，甚至不是原子弹投向日本广岛，而是千千万万的人生活着然后死去，却从未意识到存在于他自身从未开发的巨大潜能。"

　　这样的悲剧仍在上演：每天，都有数不尽的人在哀叹自己的命运，懊悔自己的无能以及恐惧自己的失败……

　　人类曾投入了巨大的人力、物力、财力来研究外部世界。从浩翰无垠的宇宙到微小的细胞体；从天上的云层到深埋地下的矿石……我们对外部世界是如此热心，但是却唯独忽视了自己。

　　人类对自身实在是太漠不关心了。这不仅是对我们自身能力的一种极大的浪费，更是对自己的一种不负责任。一个人，如果他的潜能可以爆发的话，其产生的能量是惊人的。

　　古希腊在一次反波斯人入侵的战争中大获全胜。但由于当时沟通不便、通信设施简陋，不能像现在这样及时地传递信息。为了把这个好消息传递出去，他们只得派一个战士从马拉松这个地方出发，飞奔回去报告胜利的消息。由于路途遥远，这个士兵疲惫不堪，但胜利的信息鼓舞着他，他怀着极大的毅力，一口气跑完了全程，直到抵达目的地雅典。可是，他只喊

了一句"我们胜利了"，便倒地死去。后来，人们为了纪念这个战士，便设立了马拉松赛。

我们之所以不能运用这些潜力是因为自身的心态问题。行为是心态的反应，心态是内心储存记忆和生理状态的结果。如果你的态度消极，反映在行动上就会无精打采、垂头丧气，不但无法激发出体内的潜能，还会失去生活的信心。所以，必须及时地清除掉这些思想上的杂草，保持一个开朗的心境，这样，潜能自然会像火山一样爆发出来。

潜能就是这样，它不是显露在外，而是深深地隐藏在体内。一旦受到刺激，便会像火山一样喷发出来。有时，它需要的是外在的刺激，有时，它需要的是内在的毅力。

人的潜能是无限的

我们每个人的身体就像一座休眠的火山，还有很多的潜能没有被开发出来。只是我们不懂得如何去激发它、运用它，以至于它一直潜伏在我们的身体里，白白浪费了。其实我们原本可以生活得更好些、更轻松些，但是我们却不知道如何对自身的资源善加利用，如果我们将其充分利用起来，它将会成为我们实现人生目标的动力。

我们每个人都有巨大的潜能，可惜的是我们忽视了它的存在。身体素质的巨大潜能大得让我们难以想象。看看世界上的各种体育运动比赛，运动员们不断刷新世界纪录。那些经过专

门训练的运动员们，在向着更高、更远、更强的目标前进。

　　人体的巨大潜能还突出地表现在人类健康长寿的改变上。根据资料记载，原始人的平均寿命只有15~20岁；纪元初年，上升到25岁左右；20世纪初，世界人口的平均寿命只有49岁，到20世纪70年代，世界人口的平均寿命已经增加到60岁，个别发达国家如日本、瑞典等已接近80岁。我国20世纪40年代平均寿命才35岁，50年代末已增至57岁，现在则已达70岁左右。

　　人的身体素质潜能不可限量，人的心脑智慧潜能更是巨大无比。人的学习、记忆、认识潜能，人的创造力潜能，人的思维精神、文化素质的潜能都是人的心脑潜能的具体表现。这些心脑潜能，真是无穷无尽，深邃伟大。

　　我们的体内不但隐藏着潜能，而且这种能量是无限的，如果能将其运用，便可以帮助我们实现目标。

　　大部分人只利用了自己资源的很小一部分，甚至可以说一直在荒废我们身体里蕴藏的这些巨大的潜在能量。这些能量等待着我们去发现、去认识、去开发。这种能量，一旦引爆出来，将带给你无穷的信心和力量。

激发心底强大的力量

　　戴尔·卡耐基说过："多数人都拥有自己不了解的能力和机会，都有可能做到未曾梦想的事情。"

　　人是自然界最伟大的奇迹，一旦意识到自己的潜力，便会焕发出前所未有的生活热情和勇气。所有人都能成功，都能创造属于自己的人生辉煌，每个人体内都具备成功的潜能，将其挖掘出并充分利用，成功就会紧随而至。潜能是激发你成功的力量，你要在各方面挑战自己，相信只要真正地付出努力，你就一定能够实现心中的目标。在思想上、身体上、行为上、意识上都能掌握迈向成功的策略，并且长久地保持这个态度，不

断地采取行动，发挥自己所有的力量，释放内心无比的能量，就会开发出巨大的潜能，就会在瞬间改变命运，并且持久地带来变革，取得人生中想要的非凡成就！

世界著名研究精神法则、潜意识权威·乔瑟夫摩菲说："一个人的人生幸福，只靠道德方面的努力是不够的，我们必须经常描绘自己将来的幸福形象，并依靠万能的潜意识来帮忙实现。潜意识一旦接受事情后，就会想尽办法去实现它，之后你只要安心等待就可以了。"

潜意识的能量是巨大的，它汇集着一切思想感受的涓涓细流，最后成为容纳各种观念心态的百川江河。当我们还在母体的时候，这种潜意识便产生了。因为怀胎十月，也是我们性格形成的时候，而这些就受到母亲行为以及思想的影响。许多专家建议在这个时期对孩子实行胎教，也是这个道理。

人们不仅要善于观察世界，也要善于观察自己。汤姆逊由于"那双笨拙的手"，在使用实验室工具方面感到非常烦恼。后来他偏重于理论物理的研究，较少涉及实验物理，并且找了一位实验物理方面有着特殊能力的助手，从而避开了自己的弱项，发挥了自己的特长。

珍妮·古多尔清楚地知道，她并没有过人的才智，但在研

究野生动物方面，她有超人的毅力、浓厚的兴趣，而这正是干这一行所需要的。所以她没有去研究数学、物理，而是到非洲森林里考察黑猩猩，终于成为一个有成就的科学家。

　　每个人都有很多优点和才能，这些优点便是促使我们走向成功的关键。等到我们清晰地看到自己的特长，确信能在哪方面取得贡献，便开始迈向成功。相反，如果我们看不到自己的优点和才能，便像个活生生被埋到坟墓里的人！

潜能总是在危难关头迸发

　　安东尼·罗宾是一位白手起家、事业成功的亿万富翁，当今最成功的世界级开发潜能的专家，相信很多人都非常熟悉他。尤其对一些渴望成功的人来说，对安东尼·罗宾不仅仅是简单的熟悉，更是从他那里得到了很多的帮助。听完他的讲座，让我受益匪浅，不仅使我更加充分地了解自己，也更加相信自己了。相信听过他的讲座后的很多人都会和我有同样的收获。

　　其实，安东尼·罗宾所取得的巨大成功很大一部分原因就是因为他充分挖掘出自己的潜能。

本来安东尼·罗宾是一个贫困潦倒的年轻人，26岁时他仍然住在不到10平方米的单身公寓里，洗东西、洗碗也只能在浴缸里洗。人际关系恶劣，可以说，就当时而言，他的前途十分暗淡。然而，自从他发现内心蕴藏着无限的潜能之后，一切便开始大为改观，最终成为一名充满自信、取得巨大成就的成功者。

那么，如何才能进行潜能开发呢？说来简单，但也很难，因为有时一个偶然的刺激它就会爆发；而有时，任你怎么千呼万唤它都无动于衷。一般情况下，它是需要强烈刺激的，当一个人置于险境的时候，他体内的潜能往往就会被激发出来。

人类对潜意识的发现始于催眠术，而催眠术的原理便是使我们的大脑显意识处于关闭状态而使潜意识处于支配地位。这时，潜意识的能量便会充分爆发，因此，人类在催眠状态之下总会做出一些令人感到惊奇的事情。

随着我们对潜意识的认识以及深入的了解，我们对它的利用也在进一步加深。美国潜意识专家博恩·崔西提出了以下几种方法：

第一，听觉刺激法。听觉刺激，就是利用声音来刺激我们的潜意识。当你不停地向大脑输入一种想法时，这种信息便会被大脑吸收，并做出一定的反应，从而将你的愿望变成现实。

这个过程就好比录音，你将自己的语句录在录音带之中，然后将其反复地播放，这些话就会进入到我们的潜意识中。

钢铁大王卡内基就曾经用过这种办法，他每天都会把自己的目标"我要成为百万富翁"重复多遍。结果最后，他果然实现了自己的愿望，成就了商业史上的一段神话。

这里面有一定的科学道理。因为潜意识对我们行为的影响不像显意识那样明显，它通常都是潜移默化地支配着我们的行动，从而使我们达到自己的目标。

第二，视觉刺激法。潜意识易受图像刺激，所以，如果你想激发潜藏在体内的潜意识，便可以在头脑中想象一幅达成这一目标的图画，并每天不停地在头脑中播放。人的视觉神经通往脑部的数量比听觉神经通往脑部的数量多二十几倍，所以视觉神经的发达程度也是听觉神经的二十几倍。我们利用这个特点，便可以对大脑形成强烈的刺激。但是，这种刺激一定要多次重复，因为潜意识的记性很差。而一旦它接受了这种信息，便会引导我们的行为去积极地配合目标，直到将其变为现实。

你可以将自己所要达到的目标化成实物，如制成图片挂在室内，使自己随时随地都能看到它。久而久之，你不但发现自己的思想会改变，同时，许多奇迹也会慢慢地发生。

　　第三，意向刺激法。意向刺激法就是在大脑中引导你所希望的成功场景。因为潜意识是不分真假的，你如何引导，它便如何去做。而因为其中所包含的能量是惊人的，所以往往会给我们带来出人意料的惊喜。比如你重复地对自己说"我是最棒的"，那么潜意识就会将其接收，并做出一定的反应，引导着你的行为去实现你的目标。

　　潜能往往都是在危难时刻爆发。一般情况下，一个人若处于绝望的境地，往往会激发出体内的潜能。所以，我们要学会对自己狠一点儿。我就有过切身的体验，当初一个人来到北京后，遇到了很多困难，有时候发现自己几乎已经处于绝境中，所有的一切似乎都已无能为力，但每当紧要关头，我总是能想出办法将其化解，顺利地从中走出来，而且意志变得更加坚韧，心智变得更加成熟。所以每当静下心来，都对以前所面对的磨难充满感激。

清除颓废的思想

罗·伯顿曾这样说："如果世界上有地狱的话，那就存在于人们的心中。"人的思想是决定成败的关键，好的和坏的结果往往是人内心的想法所造成的，当一个人头脑里充满了意志消沉、精神萎靡的消极思想时，无论做任何事情都很难有所成就。所以，我们一定要坚决杜绝颓废的思想，将其彻底抛开，这样才能更加坚定地朝着目标不断前行。

我们经常会看到这样一些人，他们整天无精打采，精神萎靡不振，做任何事都心不在焉。这种人无论在工作中还是生活上，都带着这种倦怠的情绪。而这些人之所以变得如此，往往

都是因为他们内心存在着颓废的思想，这一思想对人的危害非常大，特别对于一些刚步入社会的年轻人更是如此。可是在现实生活中，这种现象在年轻人身上却也普遍存在着。造成颓废的原因一般是生活上的种种打击，让自己对生活失去了希望，所以选择自暴自弃的态度；或者是感觉前途迷茫，找不到前进的方向，从而自甘堕落。

对于一些对这个社会很多方面都不是很了解的年轻人而言，一旦遇到挫折和困难，便会很自然地对自己的能力产生怀疑，严重的甚至还会因此而对自己失去信心，颓废的想法便会由此而生。其实，年轻人之所以容易颓废，其原因就是因为他们对这个社会还不够了解，也可以说是一种不成熟的表现。颓废会使一个人不思进取，会使一个人的自信心受到严重的打击。不过，对于大多数人来说，头脑中颓废的想法一般也只是一时的。人们往往都能从颓废中走出来，重新振作起来。当一个人从中走出后，他的思想就会变得成熟起来，自己也会更加充满激情。但是，如果一个人始终都停留在其中的话，那他将会遇到很大的麻烦。可以说，这只是人成长中的一个过程，所有人都会经历，如果你能用正确的态度对待，你将会从中受益。但如果你的态度是错误的、是消极的，那你将会陷入困境。

　　使自己远离困境、避免不幸发生的最好办法就是杜绝颓废的思想。那么，如何杜绝颓废思想的发生呢？那就是让自己时刻保持进取心。一个拥有进取心的人，一定能形成不断自我激励、始终向着更高境界前进的习惯，这样一来，不良思想就很难会影响到他。人生的旅途是充满坎坷的，尤其是对那些渴望成功的人而言，他们的人生道路会更加艰辛，他们需要经受超出常人的痛苦和磨难，为了最终的成功，这是他们必须要接受的，并且无论遇到再大的打击，他们都不能因此而变得消沉或颓废，想要取得成功，他们唯一的选择就是时刻保持强烈的进取心，用这样的方式去克服内心的种种障碍，然后勇往直前，这样才可能取得最终的胜利。

　　无论遇到再大的困难，遭遇再大的挫折和打击，我们都不要因此而变得颓废。相反，我们需要拿出面对困难的坚强和战胜困难的勇气。我们应该冷静下来，及时调整好心态，要明白从古至今没有哪一种成功会顺利得来，把遭遇困境视为一次磨炼自己的机会。平静的海面，永远磨炼不出出色的水手。当我们一次次战胜困难走出困境的同时，自己也一定会变得更加成熟。

　　只要颓废的思想存在，成功就不会光顾你，两者永远不可能共存。如果你是一个渴望成功的人，那你必须要杜绝颓废的

思想在你心中出现，唯有将其远远抛开，用正确的态度去面对发生的每件事，你才能变得更加坚强、更加成熟，对自己充满信心。

主动超越自己

一个人的潜力是很大的，如果我们可以将其充分利用的话，那么我们将会创造更多的奇迹。但是我们却没有做到，我们体内的巨大能量被埋葬、被荒废。

为什么会这样？原因就是我们总会给自己设限。我们总是认为自己不可能那么优秀，于是我们否定自己、怀疑自己，我们在困难面前选择了逃避和放弃。

吕蒙是三国时东吴将领，英勇善战。虽然深得周瑜、孙权的器重，但吕蒙十五六岁即从军打仗，没读过什么书，也没什么学问。为此，鲁肃很看不起他，认为吕蒙不过草莽之辈，四

肢发达头脑简单，不足与谋。

　　吕蒙自认低人一等，也不爱读书，不思进取。

　　有一次，孙权派吕蒙去镇守一个重地，临行前嘱咐他说："你现在很年轻，应该多读些史书、兵书，懂得知识多了，才能不断进步。"

　　吕蒙一听，忙说："我带兵打仗忙得很，哪有时间学习呀！"

　　孙权听了批评他说："你这样就不对了。我主管国家大事，比你忙得多，可仍然抽出时间读书，收获很大。汉光武帝带兵打仗，在紧张艰苦的环境中，依然手不释卷，你为什么就不能刻苦读书呢？"

　　吕蒙听了孙权的话十分惭愧，从此后便开始发愤读书，利用军旅闲暇遍读诗、书、史及兵法战策，如饥似渴。功夫不负苦心人，渐渐地，吕蒙官职不断升高，当上了偏将军，还做了浔阳令。

　　周瑜死后，鲁肃代替周瑜驻防陆口。大军路过吕蒙驻地时，一谋士建议鲁肃说："吕将军功名日高，您不应怠慢他，最好去看看。"

鲁肃也想探个究竟，便去拜会吕蒙。吕蒙设宴热情款待鲁肃。席间吕蒙请教鲁肃说："大都督受朝廷重托，驻防陆口，与关羽为邻，不知有何良谋以防不测，能否让晚辈长点儿见识？"

鲁肃随口应道："这事到时候再说嘛……"吕蒙正色道："这样恐怕不行。当今吴蜀虽已联盟，但关羽如同熊虎，险恶异常，怎能没有预谋、做好准备呢？对此，晚辈我倒有些考虑，愿意奉献给您做个参考。"吕蒙于是献上五条计策，见解独到精妙，全面深刻。

鲁肃听罢又惊又喜，立即起身走到吕蒙身旁抚拍其背，赞叹道："真没想到，你的才智进步如此之快……我以前只知道你是一介武夫，现在看来，你的学识也十分广博啊，远非从前的'吴下阿蒙'了！"

吕蒙笑道："士别三日，当刮目相看。"从此，鲁肃对吕蒙尊爱有加，两人成了好朋友。吕蒙通过努力学习和实战，终成一代名将而享誉天下。

科学家做过一个实验：他们把跳蚤放在桌上，一拍桌子，跳蚤迅即跳起，跳起高度均在其身高的100倍以上！然后在跳蚤

头上罩一个玻璃罩，再让它跳，这一次跳蚤碰到了玻璃罩。连续多次后，跳蚤改变了起跳高度以适应环境，每次跳跃总保持在罩顶以下高度。接下来逐渐改变玻璃罩的高度，跳蚤都在碰壁后被动改变自己的高度。最后，当玻璃罩接近桌面时，跳蚤已无法再跳了。科学家于是把玻璃罩打开，再拍桌子，跳蚤仍然不会跳，变成"爬蚤"了。跳蚤变成"爬蚤"，并非它已丧失了跳跃的能力，而是由于一次次受挫学乖了、习惯了、麻木了。最可悲之处就在于，当玻璃罩已经不存在时，它却连"再试一次"的勇气都没有。玻璃罩已经罩在了潜意识里，罩在了心灵上。行动的欲望和潜能被自己扼杀了！科学家把这种现象叫作"自我设限"。

很多人的遭遇与此极为相似。在成长的过程中特别是幼年时代，遭受外界（包括家庭）太多的批评、打击和挫折，于是奋发向上的热情、欲望被"自我设限"压制封杀，没有得到及时的疏导与激励。既对失败惶恐不安，又对失败习以为常，丧失了信心和勇气，渐渐养成了懦弱、犹疑、狭隘、自卑、孤僻、害怕承担责任、不思进取、不敢拼搏的心理状态。

西方有句谚语说得好："上帝只拯救能够自救的人。"成功属于愿意成功的人。

　　一个人，只要有了坚强的意志，就可以无所不能，哪怕他的身体已被毁灭，但精神却可以永存。所以，要相信自己。世界上本来就没有不可能的事情，只要你能够战胜内心的怯懦，就可以超越自己，最终创造出属于自己的奇迹！

信念激发潜能

　　当你不断地重复一个想法、一种信念，那么你的大脑就会接受这种信号，并将其变为现实。

　　我们现在的生活，多数都是若干年前我们头脑中的一个画面而已。而世界上的一切，当初也都是一个想象而已。因为任何事情都是先想象而后才会有人去做的。你想象自己的房子有什么样的形状、什么样的构造，然后将它们画在图纸上，最后房子才会被建造出来。

　　思想决定行动，而行动又是一个人思想的反映。你有什么样的思想，就决定你有什么样的行动，最终也会导致什么样的

结果。你的思想积极乐观，那么你在行动中就会表现得非常勇敢、非常自信，而这也会让你在做事时事半功倍。反之，你成天无精打采、三心二意，那么做起事来也会马马虎虎，难以达到预期的效果。

任何人做任何事都不是没有原因的，我们做的每一件事都是根据自己的信念，有意或无意地导向快乐，避开痛苦。如果你希望能够彻底改变自己旧有的习惯，那么就需要从掌握行为的信念着手。

信念可以激发潜能，也可以毁灭潜能，就看你从哪种角度去认识。

事实上，信念可以是我们人生的引导力量。当我们人生中发生任何事情时，脑海中便会浮现出一些印象，而这些印象便会指导我们的行为。信念就像指南针，为我们指出人生的方向，决定着我们人生的品质。

在一次煤矿坍塌事件当中，五名矿工被埋在地下。坍塌的面积不是很大，只是封死了出去的路，洞口被堵后里面缺少氧气，如果不能得到及时救援，就会因为缺少氧气导致窒息而死。洞口被封死后里面的氧气最多够他们五个人呼吸两个半小时。

这些人都很清楚，只要多坚持一会儿就多一分获救的希

望，他们商议后决定：为了节省氧气，大家都躺在地上尽量减少体力的消耗。在这一刻，周围是那么的安静，而这几个人的心里却不平静，他们每个人都在心里紧张地计算着时间，他们感觉死神正一步步地靠近他们。

其中一个人带了手表，只有他知道时间，其他人都向他追问：过了多长时间了？我们还有多长时间？

队长发现要是让大家这样焦虑下去的话，大家将会消耗更多的氧气，那么就连两个半小时都可能坚持不到。于是他决定让带表的那名矿工每隔半个小时就把时间报给大家，其他人便不用问了，这样就会节省一点儿氧气，能够生还的机会也就大了一些。

很快，第一个30分钟过去了，带表的那名矿工把时间告诉了其他人，大家听后都十分的恐慌，他们知道自己正一步步接近死亡。很快第二个30分钟到了，可带表的矿工这一次并没有把时间告诉其他人，他希望大家可以忘记死亡。当时间过了一个小时他才慢慢地告诉大家说："已经过去30分钟了。"这是一个善意的谎言，他是想让大家忘记时间。

三个小时后，救援队终于找到了他们。令大家吃惊的是，里面几乎已经没有办法呼吸了，但是他们却都没事。五名矿工中有四名得救了，只有一个因为缺氧窒息死了，而死的这名矿工就是那个带表的人。

那4名矿工之所以能活下来，是因为他们的心里一直都有一个坚定的信念：氧气可以够他们呼吸两个半小时。他们不知道其实时间早就已经超过了，只有一个人清楚时间，就是带表的那个矿工。

第二次世界大战期间，维克托·弗兰克是一名犹太人，由于当时的种族歧视，他被抓了起来。今后的生活是恐怖的，他被送到了集中营，还曾被囚禁过数月之久。维克托·弗兰克博士说他在那里学会了生存之道：就是每天都要刮胡子。不管身体有多么的衰弱，不管遇到什么困难，都要一直保持这个习惯。原因是，在集中营每天早上都会有一个检查，一旦发现有人身体不好或者是有病在身，就会被送到毒气房，那么他的一生也就结束了。

为了让自己看上去健康一点儿，维克托·弗兰克每天都要

刮胡子。他一次次地逃过了每天的检查。

　　他们当时的生活条件非常恶劣，每天只能靠两片面包和三碗稀粥来维持生命，九个男人只能挤在一块3米长的木板上睡觉，在恶劣的环境下他们的身体越来越瘦弱，即使是这样，他们还常常会在半夜被叫醒起来工作。一次，他们排着队去已经结了冰的地上铺铁路，士兵不停地谩骂，甚至用手中的武器击打他们。有些人忍受不了这样的疼痛，就偷偷地靠在同伴儿的手臂上休息。维克托·弗兰克旁边的那个男人用绝望的语气低声说："要是我们的家人看到我们现在这个样子，不知道他们会有什么样的感想！但愿他们的生活会比我们好一些。"后来维克托·弗兰克写道："那个人的一番话使我想起了我的妻子。"他和他的同伴儿颠簸地前进着，路程非常遥远，每当有人跌倒，旁边的人就会帮忙把他扶起来，就这样大家彼此搀扶手拉手前进着。他们没有语言上的交谈，可大家的心里都明白，每个人都惦记着自己的妻子和家人。

　　"我偶尔抬头看天上，星光已逐渐熹微，淡红色的晨光开始从一片黑暗的云后乍现。我心中始终记挂着妻子的身影，

刻骨铭心地想象着她。我几乎听到她的回答，看见她的微笑，那爽朗的笑声和鼓励的表情。突然有一个信念出现在我的脑海里，我一生中首次领会到许多诗人在诗歌中表达的，也是许多思想家最终陈述的真理——爱是人类所渴望的最终极的目标。我抓住了人类诗歌、思想与信仰所传递的最大奥秘，人类的救星在爱中，借着爱得以实现。"

维克托·弗兰克坚信自己总有一天会离开这个鬼地方，他每天都在想逃出去的办法。他希望伙伴能和他一起想办法，可别人都在嘲笑他："来到这个地方，难道你还有想活着出去的想法。还是老实地干活儿吧，不然还会遭到那些士兵的殴打。"可维克托·弗兰克的心里并不是这样想的，他想到自己的家人和妻子，就下定决心，一定要从这里逃出去。机会终于来了，一次在野外干活儿，趁着晚上收工的时机，他爬到了旁边的卡车下面，脱光衣服后悄悄地爬到了不远处一堆赤裸的死尸当中。刺鼻的臭味和蚊虫的叮咬他全然不顾，躺在那里一动不动地装死。直到深夜，他确信没人后一口气跑了70公里。

这就是信念的力量！

美国著名心理学家威廉·詹姆斯曾这样说过："只要怀

着信念去做你不知能否成功的事业，无论你从事的事业多么危险，你都一定能成功。"

现实社会当中的那些成功者，他们都是从一个小小的信念开始的。因为一个人的信念能够激发你身上还未开发的潜能，让你的能力得到提升。另外，只要你的信念形成了，就会成为伴随你一生的动力，无论遇到多大的苦难，它都会永远使你向前奋进。

第四章

战胜恐惧

你在恐惧什么

　　你是否有过这样的体验，在漆黑的夜晚，只有你一个人，除了电视节目发出的声音外，你感觉非常的寂静，你甚至听到了自己的心跳声。突然卧室的门"砰"的一声被关上了。于是你呼吸加速，心跳加快，全身肌肉也骤然绷紧。不过你定定神，马上意识到那是风，并没有人试图闯进您的家门。但是在那一瞬间你感到非常害怕，似乎自我生命受到了威胁，你的身体表现出一种伴随着"对抗或逃避"愿望的情绪反应，但实际上，有时候根本没有任何危险发生。

　　是什么导致你强烈的反应呢？那就是恐惧！

　　有人问，什么是恐惧？恐惧是人类的一种情绪，是因为周围有不可预料不可确定的因素而导致的无所适从的心理或生理的一种强烈反应。恐惧使得个体对发生的威胁表现出高度的警觉。

　　从心理学的角度来讲，恐惧是一种有机体企图摆脱、逃避某种情景而又无能为力的情绪体验。其产生原因是正常生理活动遇到严重阻碍（生理阻碍会产生多种情绪并按照顺序发生。恐惧是序号中的一个）。

　　或许你刚从7.23动车事故中死里逃生，或许你面对老鼠胆战心惊，或许你害怕和人交流，害怕演讲……害怕和恐惧无所不在地笼罩着我们，让我们心跳剧烈，口干舌燥，四肢出汗，肠胃紧缩……

　　于是，我们不惜代价地逃离恐惧源……

　　然而，恐惧有着积极意义。它提醒我们，保护我们，让我们安全和健康，例如，恐惧会让我们从悬崖边上迅速离开，恐惧让我们在驾车时保持警觉，恐惧让我们对毒蛇等有所防范。

　　但实际上，人类的大多数恐惧情绪是后天获得的，比如一个孩子小时候曾被狗咬过，那么十几年后，他的大脑仍会将狗与被咬的事情联系在一起。

　　恐惧无孔不入地渗透到人们的生活中。我们恐惧婚姻，我

们恐惧衰老，我们恐惧谣言，我们恐惧贫穷，我们恐惧灾难，我们恐惧说不定哪天因为一不留神而让艾滋病毒吞噬掉我们年轻的生命……

不时出现恐惧的情况是人类的本能，是正常生活的一部分。但长期生活在恐惧中则会影响生理和心理健康，阻碍我们个人的发展。内心的恐惧常使我们畏惧不前，使我们囿于现状，浅尝辄止，使我们错过了一次又一次的成长机会，使我们在生命面前低头认输。

美国著名的心理学家马丁·加德纳曾经说过："在这个世界上，人所处的绝境，在很多情况下都不是生存的绝境，而是一种精神的绝境。"

马丁·加德纳曾经是个医生，他竭力反对告诉癌症患者患病事情。他认为，在美国630万死于癌症的病人中，有80%的病人是被吓死的，剩下的20%才是真正病死的。

马丁·加德纳曾做过一个著名实验：他让一位死囚躺在床上，告诉他将被执行死刑，然后用木片在他的手腕上划一下，接着把预先准备好的一个水龙头打开，让它向床下的一个容器滴水，伴随着由快到慢的滴水节奏，结果那个死囚昏了过去，

他以为水龙头滴水的声音是自己在流血。

马丁·加德纳用事实告诉世人：精神才是生命的真正脊梁，一旦从精神上摧垮一个人，那么这个人的生命也就变形了。

实验中的死囚并非死于身体上的限制，而是死于精神上的崩溃，死于内心的极大恐惧。当我们战胜个人恐惧的时候，生命也就出现了转机，从黑暗的地牢转向阳光的天堂！

我们该如何战胜恐惧呢？

告诉自己恐惧只不过是人类的一种天生情绪，恐惧情绪每个人都会有，面对他，有什么大不了，恐惧情绪很快会消散。

著名作家三毛曾经说过："当我们面对一个害怕的人、一桩恐惧的事、一份使人不安的心境时，唯一克服这些感觉的态度，便是去面对它，勇敢地去面对，而不是逃避，更不能将自己干脆关起来。痛苦是因为你将自己弄得走投无路，你的心魔在告诉你——不要去接触外面的世界，它们是可怕的，将自己关起来，便安全了。这是最方便的一条路——逃。结果，你逃进了四面墙里去，你安全了吗？你的心在你的身体里，你又如何逃开你的心？不要为怕而怕，不要再落入隔世的深渊，不要再幻想外面的世界可怕。"

我们可以通过以下几个方法战胜恐惧：

（1）了解令自己恐惧的事物，确定恐惧的性质。不确定性在恐惧的构成中占有很大比例，说出自己的恐惧理由，了解令自己恐惧的对象，恐惧就失去了它的恐惧能力，非常有利于最终消除那种恐惧。否则，它就像幽灵般时刻盘旋在我们的头顶，不肯离去。

（2）训练自己。如果你害怕尝试某事物是因为它看起来很可怕或者有难度，那么你可以从小处入手并逐步推进。慢慢熟悉某个可怕的对象可将其置于自己的控制之下。我们都有学自行车的经历，老是害怕摔倒，可是随着练习，当我们开始能够驾驭它的时候，我们就不再恐惧，甚至喜欢上它了。

（3）跟自己玩假想游戏。如果你害怕演讲，害怕在众人面前说话，很可能是因为你害怕自己讲得不好，害怕人们对你做出评价。尝试想象着听众们都赤身裸体，而自己作为大厅中唯一穿衣服的人的体验会让你置于评判者的位置。

（4）建立自己强大的信心体系。《圣经》上说，能移爬一座山的是信心。信心能驱除内心恐惧的阴霾。只要你拥有坚如磐石的信念，你便可以取得常人难以想象的成功。

（5）思想创造实相。精神是生命的脊梁。你抵制的将持续存在，你静观的将消失。恐惧来源于经验，但其实我们都错

误地解读了经验，并非我们做了什么事而造成了什么结果，而是我们期待什么发生，它才会发生。你恐惧某种事情发生，其实从另一个角度来说你是在期待你的恐惧发生。所以改变你的思想，选择理性而摒弃非理性，以积极的信念指导个人前进，我们就战胜了恐惧，也改变了自己个性的方方面面。

战胜恐惧

在《谁动了我的奶酪》一书中，唧唧为了应对失去奶酪的变化和危机，决定调整自己，要求自己随着奶酪的变化而变化，观念的转变改变了他的行为。

他开始学习老鼠的长处，勇往直前而无所畏惧。一个人勇敢地冲入了黑暗的迷宫中，但是付出了许多努力，他才偶尔在走廊处找到一点儿奶酪屑，体力慢慢失去，他又开始被恐惧包围了，这时唯一能带给他信念和勇气的就是对于未来的美好想象。

他想象着自己正处在一种很美好的环境中，坐在各种美好奶酪中间——切达奶酪、布里奶酪等！他仿佛看见自己正在享

用最美味的奶酪。这样的情形使他获得一种满足，就像卖火柴的小女孩儿一样，他想象着这些奶酪的滋味儿该是多么的香甜可口啊！

这种享用奶酪的情景，他看得越清楚，就越相信会变成现实，现在他感觉快要找到奶酪了。

正是这种对于未来的美好期望使他充满了战胜恐惧的勇气，使他继续向新的奶酪前进。不久之后，他就在一个走廊的尽头找到了一大堆新鲜的奶酪，还找到了自己的两位老鼠朋友。

这使他彻底看到了变化也有好的一面，真正认识到生活并不依照某个人的意愿而发展，而是随时都可能发生改变，但你只要做到积极地面对，就可能发现更好的"奶酪"。

重要的是"新奶酪"总是存在于某个地方，不管你是否已经意识到它的存在，它都在那里。只有当你克服自己的恐惧念头，并且勇于改变自己，去享受冒险带来的喜悦时，你才会得到新鲜的奶酪。

唧唧明白，一个人要彻底改变自己的困境，尝试新途径的话，必然会面临很大的困难和风险，内心深处不可避免地会被恐惧袭击，这时他需要一种强大的精神动力来支持自己勇敢地走下去。对唧唧来说，这种动力就是对新奶酪的美好想象，对我们而言就是心中美好的希望。

希望是催促人们前进的动力，也是激活自己最主要的原因：只要活着，就有希望；反过来只要抱有希望，生命就会常在。

所以在生活中出现困难时能否充满希望，是成功者和失败者的又一道分水岭。失败者通常遇到困难就退缩，因为他们看不到希望；而成功者则永远充满希望，他们坚持不懈，他们会去寻找所有可行的办法，一直坚持到完成这个任务。

充满希望是恐惧感的对立面，它能鼓励你知难而进。恐惧是一个贪心的恶魔，不停地在你的心里扩展。一旦你任其肆虐和扩张，那么一旦到达一定的程度，你就会每时每刻都处在它的控制之下，甚至你会恐惧每一件事和每一个人。只有当恐惧被彻底地、有效地清除，你的生命力才会出现阳光，阴暗才会消散。也只有这样，才能使你重新充满活力，找到生命的意义、奋斗的目标以及快乐的生活态度。

之所以会产生恐惧，是因为自己不够强大和对自己缺乏信心。只有当你发现自己真的拥有无限的力量时，只有当你自觉地认识到这种力量时，只有当你通过实践证明了自己足以凭借思想的力量战胜任何不利因素时，你才会觉得没有什么可怕的

了。因为你知道，与恐惧相比，你自己更强大。

是我们对自己权利的不敢坚持或维护，才导致了世界对我们的苛刻，也就是说世界只为难那些不能为自己的思想争取容身之地的人，对他们残酷无情。而我们却由于畏惧这种困难，才把我们的许多思想深埋在黑暗之中，不敢让它们大白于光天化日之下。假如我们没有什么渴望，那么我们就将一无所有；假如我们希望很多，那么我们就将很自然地得到更多。这正是所谓的"有期望才有所得"。

太阳之所以不需要外来的光和热，正是因为它自身拥有光和热。拥有"太阳"的人总是忙于向外界传播自己的勇气、信心和力量，他们以期许成功的心态把艰难和险阻撕得粉碎，跨越了恐惧在他们前进的道路上设置的重重障碍，如此就再也没有什么可以阻挡他们走向成功了。

只有当你意识到自己拥有"太阳"时，你才不会畏惧黑暗，一旦认识到这一点，我们也就没有什么可畏惧的了，因为我们的力量原本就是无穷无尽的。

大家都知道运动员是通过锻炼才变得强壮、迅捷，而我们是通过实践来学习的。为了获得更深刻的认识，只能把知识付诸实践才行。

最强大的敌人就是你自己，只有当你学会战胜自己、战胜自己的恐惧心理，你的"内在世界"才能够征服外在世界。此时的你将"无所不能"，若能如此，那么你的一切都会对自己的每一个愿望做出积极回应，那么成功对于你来说就是顺理成章的了。

　　宇宙精神或宇宙能量就是所谓的"无限的我"，人们通常称为"上帝"，那我们的"内在世界"又是由"自我"掌管的，而这个"自我"正是包含于"无限的我"中。

　　赫伯特·斯彭德曾经这样说过，"发生在我们身边的所有奇迹中，最令人确信的是我们一直将置身于万物、或由此而产生的无限而永恒的能量之中。"这并不仅仅是为了证明或建立某种观点而提出的一种论据或理论，而是一个事实，并且是被最优秀的宗教思想和科学理念所能接纳的事实。

　　科学发现了亘古常在的永恒能量，而宗教却发现了潜藏在这个能量之后的力量，并认定它在人们的内心之中。这体现了科学与宗教的不同分工，但这也绝不是什么新发现。《圣经》中早已有所描述："难道不知你们是神殿，神灵住在你们心里头吗？"我们的"内在世界"拥有神奇的创造力，其奥秘就体现在这里。

　　你无法给予别人你没有的东西。你不具有的怎么能给予

呢？倘若我们软弱无力，那么就无法帮助别人；倘若我们希望自己对他人有所帮助，那么首先自己要拥有力量。只有先让自己变得有力，才会有能力去帮助他人。

充分开发自己的潜能，这会让你受益无穷。因为人的潜力是无限的，是永远挖掘不尽的。无限则意味着永远都有，而我们作为无限能量的代言人，自然不会出现"无力"的情况。

克己忘我并不等同于成功，战胜一切并不是自傲自大。这是力量的奥秘所在，也是控制力的奥秘所在。

欲先取之，必先予之。我们必须对他人有所帮助，我们给予的越多，所得到的就越多。宇宙处于不断寻求释放的永恒状态之中，处于帮助他人的永恒状态之中，所以它总是在寻求让自己能够拥有最好的释放渠道。而我们应是宇宙传递活力的渠道，这样才能做更多有益的事，能够给予他人更多的帮助，并尽力做到最好。

我们要高瞻远瞩，不要只拘泥于自己的计划或是人生目标。让所有的感觉安静下来，仔细想想内心的愿望，把精力的焦点放在内心世界里，并在这种认知中怡然自得。密切注视各种各样的机遇，找出能量所赋予你的精神通道，这样才能把自己的价值发挥到极致。

用自嘲驱散恐惧

曾有一位伟人说过，世界上最神奇的力量就是笑，它能够消除一切压力和恐惧。在《谁动了我的奶酪》一书中，当唧唧拥有了自嘲的勇气时，他穿上了运动衣和跑鞋，开始寻找新奶酪的冒险。

等到小矮人唧唧不辞劳苦地找到了新的奶酪时，他一面幸福地享受着新奶酪的美味，一面反思自己从这段经历中学到了什么。

他想到当初自己也曾深陷于失去"奶酪"的痛苦中而不能自拔，那时他的整个心灵都被这突然的变化所带来的恐惧而

淹没，那到底是什么使他发生了改变呢？难道是迫于饿死的威胁？唧唧想到这些，不禁笑了。

唧唧忽然发现自己已经学会了自嘲，而当人们学会自嘲、能够嘲笑自己的愚蠢和所犯下的错误时，一切就开始改变了。自嘲，意味着你能对往事轻松释怀，然后迅速行动起来，直面人生的各种意外。

学会自嘲的唧唧终于摆脱了心中对于变化的恐惧，做好一切准备，向迷宫深处出发了。唧唧临行前想劝说哼哼改变自己的观念，和他一起去寻找新的"奶酪"。唧唧转过身来对哼哼说："哼哼，有时候事情发生了改变，就再也变不回原来的样子。我们现在遇到的情况就是这样。这就是生活！生活在变化，时光在流逝，我们也应该随之改变，而不是原地踏步。"

调整自我，转变观念时，才能让自己适应这个社会。

宋代词人苏轼说："人有悲欢离合，月有阴晴圆缺，此事古难全。"也就是说在人生漫长的征途中，并非都是一帆风顺，时常与挫折、不顺心的事情相伴；快乐与痛苦交织，甚至痛苦比快乐还要多，月缺之时总比月圆之时多。

这就需要我们要以一颗平常心去坦然面对现实生活中这些

与我们的理想希望相悖的事情，不断提高自己，学会自嘲和调侃，变被动为主动，寻找自在与平静，保持心理平衡。有人说自嘲有益于身心健康，这话确实有一定的道理，因为自嘲能够解脱，放下心理的包袱，为的是健康充实的快乐生活。

自嘲是一种特殊的人生态度，它带有强烈的个性化色彩。自嘲也是生活中的一种艺术，具有干预生活和调节自己的功能，它不但能给人增添快乐、减少烦恼，还能让人更清楚地认识自己，战胜自卑的心理，应付周围的变化以及外界环境所带来的压力，摆脱心中的种种失落和不平衡，从而获得精神上的满足，为人生增添活力。

世事复杂，生活中我们难免会遇到一些下不了台的事，而自嘲不仅可以帮助我们摆脱难堪、窘迫和尴尬，还能帮助我们瞬间由难堪变为被别人尊重和敬佩。

在一次舞会上，一个个头儿偏低的男子去邀请一个身材高挑的女孩儿跳舞，那女孩儿礼貌地拒绝道："我从不与比我矮的男人跳舞。"男人听了没有发火，也没有指责对方，而是淡淡地一笑，自嘲道："我是武大郎开店，找错了帮手。"那女孩儿听后面红耳赤，反而不好意思起来。自嘲使那位男士走出窘境，而且还把尴尬留给了那个伤害过自己的女孩儿。

在公共场合，被人嘲笑是一件很丢面子的事，如何让自己挽回面子并保持平静的心态呢？比如当你在经济上受到不合理的待遇时，你的生理缺陷受到别人的嘲笑时，无端受到别人的攻击时等。你不妨采用阿Q精神胜利法，比如"吃亏是福，破财免灾"等调节一下你失衡的心理。在一些非原则问题上可以装糊涂，以此让自己多一层保护。在时机适当时还可以像那位男士那样幽默地调侃一下。

人的一生难免会有失误，任何人身上都难免会有缺陷，谁都难免会遇到尴尬的处境。有的人喜欢遮遮掩掩，有的人喜欢辩解。其实越是遮掩和辩解，越是容易让自己越描越黑，心理越是失衡，最好的办法是学会嘲笑自己。

美国著名演说家罗伯特是个秃头，在他的头顶上很难找到几根头发。在他过60岁生日那天，有许多朋友来给他庆贺生日，妻子劝他戴顶帽子。罗伯特却大声地对所有宾客说："我的夫人劝我今天戴顶帽子，可是你们不知道秃头有多好，我是第一个知道下雨的人！"这句嘲笑自己的话，一下子使宴会的气氛轻松活跃起来。

成功的人从不试图掩饰自己的缺点，相反有时他们会拿自己的缺点开玩笑。而现实生活中经常可以遇到一些喜欢遮掩自己的缺点，他们也许脸上有缺陷，也许所受教育不高，也许举止比较粗鲁等。对于这些缺点，他们总要想出方法来掩饰，不让别人知道。但这样做的时候，无形之中就违背了诚实的处世原则。很显然，与他们交往的人，会觉得他们不诚实，并因此拒绝再与他们交往。

自嘲能缓解你面临的压力，让你可以扔掉心理包袱，轻装上阵，打一个漂亮的翻身仗。

心理学家认为，一个人的身体状态是受其心理和精神因素影响，大约有一半以上的疾病是由心理和精神方面共同引起的，因此保持心理平衡对人的健康是非常重要的。自嘲就不失为一种宣泄情绪、维护心理平衡和健康的良方。

有一次，几位美籍华人学者拜访著名作家冰心。客人热情地嘘寒问暖，笑问冰心最近在写些什么大作。冰心老人风趣地说："写什么大作？我只是写些回忆性文章或者有感而发的文章，主要是在家里坐以待'币'！"客人们一时都愣住了，不知道为什么要"坐以待毙"。冰心笑着解释说："你们不要误会，有句成语叫'坐以待毙'，我说的是坐以待'币'，人民币的币。我坐在家里写稿，等待人家寄稿费，寄人民币来！"

一时间满堂哄笑。

　　"拿得起，放得下，想得开"，学会自嘲而不为名利所累，不为世俗所扰，不以物喜，不以己悲，以坦荡的胸怀和豁达的心态对待人生，这样你会身体健康，生活美满。

走出恐惧阴影

　　无所畏惧的强者心态是任何团队和个人都不能缺少的。保持强者的心态，总有一天就会成为真正的强者。

　　中国曾经在世界上领先了几千年，然而自从1840年开始，中华民族就陷入备受侮辱和欺凌的苦难之中，直到伟大的声音"中国人民站起来了"在中国响起的那一刻。

　　是什么力量指引红军力挽狂澜，扶将倾大厦于既倒，拯救了中国？是什么力量使中国人重新挺直了腰杆？是什么力量使红军无往而不胜？是中华民族伟大的精神，是五千年民族精神的凝结。红军精神经过岁月的洗礼和战争的历练，成为民族精

神的结晶。

　　无所畏惧的勇气是红军精神中的"精神"！两万五千里长征是人类历史上前所未有的史诗般的军事壮举和奇迹。终年冰封的雪山，渺无人烟的草地……长征路上的艰难险阻是常人无法真切体会的。然而，红军战士最终冲破重重障碍，克服了一切困难，取得最后的胜利。这一切靠的是什么？靠的是大无畏的革命精神，"红军不怕远征难，万水千山只等闲。"在长征中，我们的红军战士用他们的勇气和精神战胜远远比自己强大的敌人，在无数山巅险峰之间谱写了一曲曲胜利的凯歌。

　　在有些公司里，一些员工恰恰缺乏这种无所畏惧的精神！他们常常被深深地笼罩在恐惧的阴影里，不可自拔——

　　"我摆不平困难，我可能会失败。"

　　"我怕我会犯错。"

　　"我怕我会降职。"

　　"我担心会被解雇。"

　　……

　　如果这些话语已成为你的口头禅，那就显示你几乎被失败的恐惧、怕犯错的恐惧所统治。你的意志可能正逐渐被摧垮，你开始在恐惧的地牢里封闭自己，躲在自己的安全窝里，不敢去尝试工作中任何的新想法、新措施，更不愿意接受困难任务的挑战。

如果真是这样的话，恐惧已成为你取得成功的头号大敌。如果你不能摆脱恐惧阴影的控制，你将成为恐惧的牺牲品。

贾孔举就是自我恐惧的牺牲品。贾孔举是大中华制造业的销售代表，他生来便遇事恐惧。每当做事前他总是把困难想得太多，时时担心自己会失败，害怕别人会否定他。有时上司无意间的冷语，让他担惊受怕几天。结果，他不敢冒险，更不敢去做困难的工作，工作绩效当然不能令人满意。在困难的恐惧中，真正的恐惧来临了——上司决定辞退他。

是什么使得贾孔举落得如此结果？他是被自己的恐惧所击倒的。他害怕失败，失败却紧紧抓住他不放。

实际上，失败并不可怕，关键是你怎样看待失败。以积极的态度看待失败，你就从失败中发现动力和机会，再加上你的行动，"失败的恐惧"将从你工作或生活中永远抹去。像天边的乌云，悄悄从你心头散去，"恐惧的阴影"完全被信心的阳光所驱散。

下面就是换个角度后对失败的看法，暂且把它称作"失败新解"。

　　失败并不意味着你是个失败者，它意味着你尚未成功。

　　失败并不意味着你一事无成，它意味着你已经有所收获。

　　失败并不意味着你低人一等，它只是意味着你不是完美的。

　　失败并不意味着你应该放弃，它只是意味着你要更加努力。

　　失败并不意味着你永远做不到，它只是意味着你将多花些时间。

　　失败并不意味着你被抛弃了……它只是意味着有更好的办法。

　　失败并不是真正的失败，只要你从失败中得到经验和教训，并获得积极的心态。真正的失败是一种消极、胆怯的精神态度。在工作中，我们应该像红军那样以大无畏的革命精神和勇气，接受苦难的挑战，打碎所有失败恐惧的阴影，用积极的行动做困难的事，增加成功的可能。

　　让我们从现在开始从错误和失败中学习吧，发挥红军大无畏的精神，主动去做困难的事，踏着错误和失败的足迹，创造自己的新成就！

恐惧并不可怕

　　每一年，每一天，时时刻刻，我们每个人都处在一定的风险里，有风险的存在才有预防和控制风险的方法。那些过于保守、缺乏创新意识的人很难成功，而且很多时候，与风险结伴而来的还有机遇。风险越大，机遇越难得。选择还是放弃就成为了人生岔路口的指向标，或功成名就或一败涂地，就看是否有敏锐的眼光和敢于尝试的勇气。

　　命运就是承载生命的跑道，很多时候成功都是从人群中冲出来的。

　　勇敢是什么？勇敢就是不屈不挠的精神，敢作敢为的勇

气。有句俗话说，一想二靠三落空，一想二干三成功。想到就去做吧，没有几个成功不是闯出来的。

当我们决定一件大事的时候，心里一定会有矛盾，面对到底要不要做的困扰，现实就是，只要你勇敢地去做，你才有可能做好，如果连这份勇气都没有，那么你就永远不会成功。

时下，户外运动正在盛行，"激流勇进""超级蹦极"等项目都反映了现代人潜意识里的勇气。社会瞬息万变，竞争日趋激烈，经常会出现很多令自己情绪不稳定的事情。恐惧是我们成功的大敌。心怀恐惧的心理或不祥的预感，做什么事都不会成功。因为恐惧会摧毁一个人的勇气和创造力，它能打破人的希望、消退人的志气，甚至会造成死亡。战胜恐惧，就能把握自己。

当恐惧的想法开始侵占你思想的领地的时候，战胜它的第一步就是要鼓起勇气采取行动。就像跳伞一样，让人难受的只是"等待跳"的那一刹那。在这时不要做太多的幻想，而要对自己进行心理的鼓励和暗示。这是一种自我锻炼，这样之后的你就会充满自信，控制好心中的恐惧，让自己变得更有行动力。

一位经理人员去拜会成功学大师拿破仑·希尔。这位经理负责的是一个大规模的零售部门。

"我很苦恼，"他对大师说，"我恐怕会失去工作了，我

有预感，离开这家公司的日子肯定不远了。"

拿破仑·希尔问："为什么呢？"

他回答："统计资料对我不利。我的这个部门销售业绩比去年降低了7％，而全公司的销售额却增加了65％。商品部经理也责备我跟不上公司的进度。我已经丧失掌握的能力，我的助理也感觉出来了，其他的主管也觉察到我正在走下坡路。我觉得自己是无能为力了，我很害怕，但是我仍希望有转机。"

拿破仑·希尔反问："仅仅是希望还不够吧？"没等对方回答，希尔又接着问："为什么不采取行动来支持你的希望呢？做你现在最应该做的事情，找出营业额下降的原因，想办法提高销售人员的热忱……另外还要让你的助理打起精神，你自己也要振奋精神，要用你的自信心来感染周围的人。"

这时，这位经理又显露出了勇气。

拿破仑·希尔继续说："第二项行动是为了保险起见，留意更好的工作机会。你采取积极的改进措施、提高销售额后，不一定能保住工作。但是骑驴找马，比失业了再找工作要容易十倍。"

过了一段时间后，这位经理打电话给希尔说："上次见过你以后，我就开始努力改进。最重要的步骤就是改变我下面推销员的状态。我现在每天开早会。我的推销员们又充满了干劲，他们看我有心改革，也愿意更努力。成果当然也出现了。我们上周的周营业额比去年的高得多，而且比所有部门的平均业绩也好得多。"

在恐惧和挫折面前因浑身发抖而低头的人，最突出的习惯就是放弃努力，不去坚持尝试新的出路。而成大事者恰好与之相反，鼓足勇气，坚忍不拔，反复与之周旋较量。他们无时无刻不在用指挥和勇气改变自己的命运。就好比让不会游泳的人站在水边，没跳过伞的人站在机舱门口，都是越想越害怕；人处于不利境地，想要做或需要做一件困难的事时，也是这样，如果你拖延，恐惧就会放大，压得你透不过气来，你将越来越不敢做那件事。

战胜恐惧最好的方法，是在被恐惧压垮之前就立即行动。不要迟疑，马上开始行动！我们要把恐惧扼杀在摇篮里。

在漫长的路途中，我们流了多少泪水，曾经似乎已经被痛苦掏空了。只有选择勇气的人，才会发现不管自己走的路程有多么遥远、多么艰难，走了那么远的路，都不曾灰心。

　　总之，不管追求的是什么远大的目标，奋斗本身就是与一切困难做斗争的过程，在这个过程之中，只有那些不怕风险和失败、勇敢而坚韧的人，才能够取得最终的胜利。

　　一旦你勇敢地选择了一条新的路，新的大门将为你开启，你将登上一个也许一直在等待你的成功之路。你可能会认识这条路上的其他人，并彼此帮助一同前进，你会发现你从未意识到的力量、快乐和成功。

你把安全感弄丢了吗

　　什么是安全感？如果你去百度一下，会发现这个定义："安全感就是人在社会生活中有种稳定的不害怕的感觉。安全感是对可能出现的对身体或心理的危险或风险的预感，以及个体在应对处事时的有力、无力感，主要表现为确定感和可控感。"

　　处在这个信息万变的社会，似乎每个人都缺少安全感。

　　当前非常火的电视相亲节目《非诚勿扰》，会听到很多关于安全感的回答。乐嘉问女嘉宾："你为什么灭灯？"对方说："他看起来没有安全感。他那么瘦，似乎风一吹就被吹走了。万一碰到坏人，碰到不安全的情况，他怎么保护我啊！"

而刚刚出场亮相的男嘉宾说："为了心爱的女人，我会挺身而出的。"

作家张晓风说："安全感，这个虚无缥缈的字眼儿究竟意味着什么呢？很少有人能正确地指出它的含义，但人人把它挂在嘴边。"确实如此。

安全感，一直是男女双方在婚恋的围城中所寻找的。所以，爱情中，缺乏安全感的一方总是试图去要求对方、去控制对方，希望对方接受自己的观点，按照自己的想法为人行事，否则，就脱离了自己安全感的轨道。

唱《很爱很爱你》的奶茶妹妹刘若英说："安全感其实来自于看那个男人有多爱你，但是那个男人有多爱你，还是取决于你自己有多爱你自己。如果你站在男人面前是很自信的话，你就会觉得男人是不会走的，这个时候你就有了安全感。与其去想这个男人有多爱你，不如去想，你自己能够做到多好，让这个男人更爱你。"

人本主义心理学的代表人物马斯洛认为，安全感是人的基本需求之一，在马斯洛需求层次理论里，安全感的重要性仅次于呼吸、喝水、食物、睡眠和性等生理需求。

2010年，一项有关国人安全感的深度调查显示，高达96%

的人认为自己没有安全感。安全感是被我们自己弄丢了吗？是谁偷走了我们的安全感？

你可以说，是社会的畸形发展导致人们的安全感缺失。社会竞争激烈，人们的生活节奏加快，贫富差距扩大，信息化时代人与人之间面对面交流的时间也在锐减，让人们的心灵无所适从和皈依。

你可以说，每个人对生活品质的要求不同，有的人可能觉得有一套自己的房子，和爱人有一份稳定的收入，就安全了，而有的人觉得仅仅一套房子哪里够，要有两套、三套，还要有一份不菲的存款，这样才算安全……

然而，导致个体安全感缺失的最大因素是人们忽略了自己内心最真实的感觉，所以人们才会转而去疯狂地追寻房子、票子、车子，来填补自己的空虚。

对于一个缺乏安全感的人来说，外界环境的任何影响和刺激，都更易于以一种不安全的方式，而不是以一种具有安全感的方式来被解释。安全感强的人坚定，积极，自我接纳，自我认同，而安全感不强的人则在内心深处隐藏着强烈的自卑情绪，他们病态自责，对他人不信任，敌视。用闾丘露薇的话说："缺乏安全感的表现很多，其中有一点，就是内心深处对自己和别人都不够信任，对生活周围的人与事总是抱着怀疑的态度。"

《不要和陌生人说话》中丈夫的变态掌控，全都来自内心安全感的缺失。潜意识不停地告诉丈夫："你掌控不了他，你没有资格。"而丈夫变本加厉想要抓住这份安全感。然而这份安全感却离自己越来越远。终于有一天那个原本深爱你的人也会不堪重负，从你的掌控中逃脱。

那么，一个人的不安全感是如何产生的？我们又该如何获得安全感？

一个人的不安全感通常可以追溯到童年时期，由于某些原因而引起的内心深处的不安与恐惧，从而导致缺乏应有的安全感。

精神分析理论认为个体的安全感是这样产生的：父母（尤其母亲）是儿童成长过程中重要的客体，在孩子幼小的时候，如果能够给予孩子足够的爱，持续的、稳定的、持之以恒、前后一致的、合理的爱，孩子就会体验到安全感，并延伸出对与他人及世界的信任，并且感觉到自尊、自信以及对现实和未来的确定感和可控制感。

安全感是心理健康的基础，有了安全感才能有自信、有自尊，才能与他人建立信任的人际关系，即基本人际信任，才能

积极地发掘自身的潜力，才能有人性及价值的较充分的实现；没有安全感，就没有自我接纳，就没有人际信任，更不可能有良好的人际关系！

有些婴儿在睡觉时，必须摸着妈妈的乳房，或是必须吃奶、抚摸毛毯、吸吮指头，或是需要母亲的轻拍，在父母讲故事中才会睡着，因为这些动作或声音可以让他们获得内心的宁静。

0~1岁是孩子安全感建立的重要时期。每个孩子在今后的人生中都会遭遇不顺、意外或是打击。有安全感的孩子，可能会很快从悲伤或哀痛中解脱出来，继续成为一个快乐的人；而没有安全感的孩子，就会把一件件不良体验积累成他们一生中的种种不良心态。

然而，由于幼年时代安全感的缺失，我们在成年后就无法建立自己的安全感了吗？答案是否定的。

获得安全感首先需要反求诸己。

安全感从本质上来说是一种健康的心理感受。我们可以通过自我反思和学习来重新找回稀缺的安全感。真正地静下心来，去反思我们的内心，去聆听我们的灵魂，我们到底需要什么，自己到底缺少什么，静静地去享受心灵带来的愉悦。

外界任何的东西都不能带给我们安全感，你所追求和认为

的所谓票子、车子带给你的只是形式上的安全感，而能真正解决我们内在安全感需求的是我们的内心，是我们自己。

婚姻也好，爱情也罢，一个人如果不能自尊自信，改变自己的心理认知状态，任何形式的关系也给予不了他对安全感的需要。因为无论何时何地，能够真正帮助自己走出困境的只有自己。真正的安全感是自己给予自己的，而不是来自外界。

学着去信任自己，信任他人，保持一份淡定的心，学会优雅从容地生活，保持内心的宁静，你就能找到属于自己的安全感。正如罗斯福所说，"唯一阻碍我们实现明天目标的就是对今天的疑虑，让我们怀着坚强而积极的信心奋勇前进吧！"

一个拥有安全感的人也会更多地关注自己内心的成长，追求更高层次的需要，从而更容易达到自我实现的境界。当个体依靠个人行动去重建获得安全感的时候，我们的人生也就有了更多的可能性，更多的希望！

第五章

抓住自己命运的缰绳

抓住自己命运的缰绳

　　我们要做自己命运的主宰，我们要抓住自己命运的缰绳。心理学家布伯曾指出："凡失败者，皆不知自己为何；凡成功者，皆能非常清晰地认识他自己。"失败者是一个不能驾驭自己命运的人。而成功者，必是一个勇于主宰自己命运的人。

　　1947年，美孚石油公司董事长贝里奇到开普敦巡视工作，在卫生间里，看到一位黑人小伙子正跪在地上擦上面的水渍，并且每擦一下，就虔诚地叩一下头。贝里奇感到很奇怪，问他为何如此？黑人答，在感谢一位圣人。

　　贝里奇很为自己的下属公司拥有这样的员工感到欣慰。问

他为何要感谢那位圣人？黑人说，是他帮着找了这份工作，让他终于有了饭吃。

贝里奇笑了，说我曾遇到一位圣人，他使我成了美孚石油公司的董事长，你愿意见他一下吗？黑人说，我是一位孤儿，从小靠锡克教会养大，我很想报答养育过我的人，这位圣人若使我吃饱之后还有余钱，我愿去拜访他。

贝里奇说，你一定知道，南非有一座很有名的山，叫大温特胡克山。据我所知，那上面住着一位圣人，能为人指点迷津，凡是能遇到他的人都会前程似锦。20年前，我来南非登上过那座山，正巧遇到他，并得到他的指点。假如你愿意去拜访，我可以向你的经理说情，准你一个月的假。

这位年轻的黑人是个虔诚的锡克教徒，很相信神的帮助，他谢过贝里奇就上路了。30天的时间里，他一路披荆斩棘，风餐露宿，过草甸，穿森林，历尽艰辛，终于登上了白雪覆盖的大温特胡克山，他在山顶徘徊了一天，除了自己，什么都没有遇到。

黑人小伙很失望地回来了，他见到贝里奇后，说的第一句话是："董事长先生，一路我处处留意，直至山顶，我发现，除我之外，根本没有什么圣人。"

贝里奇说："你说得对，除你之外，根本没有什么圣人。"

20年后，这位黑人小伙做了美孚石油公司开普敦分公司的总经理，他的名字叫贾姆讷。2000年，世界经济论坛大会在上海召开，他作为美孚石油公司的代表参加了大会，在一次记者招待会上，针对他的传奇一生，他说了这么一句话："您发现自己的那一天，就是您遇到圣人的时候。"

人类使用最多的一个词是"我"，最视而不见的也是"我"。一个看不见"我"的人既不知道自己能做什么，也不知道自己能做什么。因为看不见自己，就只会崇拜他人，崇拜偶像，而自己就消失在芸芸大众之中。心中没有"我"的人，就不会有个性，也不会有理智的勇气，更不可能有人生的目标。

善于驾驭自己命运的人，是最幸福的人。在生活的道路上，必须善于做出抉择，不要总是听凭他人摆布，而要勇于驾驭自己的命运，做自我的主宰，做命运的主人。

人生只有短短的几十年，弹指间便过去了。在这短短的瞬间，我们是否明白自己最想要的是什么？或者我们最想做一个

什么样的人，这完全取决于我们自己。

　　也许我们当中的一部分人还未经历过生活的苦难，但是我们知道，任何一个人都会有失去方向、茫然无措的时候。这些失去方向的人，他们日复一日，一直在迷茫中前行。然而另一部分人却赢得了这些挑战，成功地站在彼岸上。这是什么原因呢？其实我们每个人都有自己的行走路线，关键在于你是否掌握了它。在前进的道路上，我们都在依从自己的路线行走，然而，到达终点的人却很少。因为大部分人所制定的行走路线都偏离了自己，他们并没有完全掌握自己的行走路线，或者说他们所制定的路线根本就不属于他们。这些失败者，他们或是自私自利，或是未能设定目标，无法分辨轻重缓急等。

　　我们任何人都应该认识到对所有成功者来说，这个世界上不存在"不可能完成的事情"，对于挑战那些失败者看作"不可能完成的事情"是他们的乐趣，因为这些难度很大的工作可以让他们得到更大的锻炼。

　　有这样一个挑战者，他用自己的身体去做电击的试验。理杰是一个勇敢、杰出的学生，在一次物理课上，教授向所有同学展示一个直径为35厘米的放射火花的感应圈。当时就有一部分学生提出问题：电击是否会让人死亡。教授给大家提出了一

个最直接的答案，让这些提问者做一个试验，但是这些提问者都很胆怯，他们不敢去面对教授的这次试验，然后理杰站了出来，他认为这是一次考验自己胆识的机会。当那35厘米直径的放射感应圈缠绕在理杰手上时，他挺住了。当时理杰并没有感觉到疼痛，只有心里的激动，因为他克服了这些困难的挑战。

大部分的成功者成功的最大原因是因为他们拥有向那些"不可能完成"的挑战精神。当今这个社会，是一个知识与勇气并存的社会，在企业里，很多员工都具备专业的知识，具备种种让上司青睐的能力，只是这些人仍然有一个致命的弱点，正是这个弱点让他们只能一辈子居于人下，做一个普通的员工——他们缺乏挑战的勇气。面对那些非常困难的工作，他们没有半点儿的进攻意识，只会一味地躲避。他们在自己的身上种下了一颗胆怯的种子，他们认为想保住这份来之不易的工作，必须做自己所熟悉的工作，对于那些没有把握完成、具有很大难度的事情，还是能让则让，能躲则躲。然而，他们这样做的结果，只能让他们一辈子从事那些平庸的工作。

毕业于西点军校的巴顿将军曾说过这样一句名言："一个人的思想决定一个人的命运。"对于这句话，我们可以这样理解：那些不敢挑战有难度工作的人，是对自己本身潜能的画地

为牢，他们只能做出一些有限的成就。只有那些敢于向困难挑战的人，才能充分挖掘自己的潜能，让自己拥有更强的能力去实现自己的理想，最终走向成功。

工作中，部分员工有这样的心理，我和他一同来到公司，一样的工作，同样的上班时间，为什么他能获得升迁，我却不能？在有这种想法之前，你是否考虑过，你为什么不能获得领导青睐的原因。其实，你不能获得青睐的最大障碍是你自己，是你不敢去挑战那些"不可能完成"的工作，正是这个原因，让你失去了一次次大好的机会。

在所有领导的心目中，"职场勇士"与"职场懦夫"有着天壤之别。当你万分羡慕那些有杰出表现的同事、羡慕他们深得上司器重并被委以重任时，那么，你一定要明白，他们的成功决不是偶然的。

不做忧虑的奴隶

在撒哈拉大沙漠中，有一种非常有趣儿的小动物——土灰色的沙鼠，据说它的生命力特别强。每当旱季来临之际，这种沙鼠都要囤积大量的草根。一只沙鼠在旱季里只需要吃掉2公斤草根，而沙鼠通常都要运回10公斤草根才会踏实，否则便会焦躁不安，"吱吱"叫个不停。经过研究证明，这一现象是由一代又一代沙鼠的遗传基因所决定，是沙鼠的天生本能。曾有不少医学界的人士想用沙鼠来代替小白鼠做医学实验，因为沙鼠的个头很大，更能准确地反映出药物的特性。但所有的医生在实践中都觉得沙鼠并不好用。其问题在于沙鼠一到笼子里，就

到处找草根。尽管笼子里的沙鼠可以用"丰衣足食"来形容它们的生活，但它们还是一个个地很快就死去了。医生发现，这些沙鼠是因为没有囤积到足够多草根的缘故，确切地说，它们是因为极度的焦虑而死亡，是来自一种自我心理的威胁。

这就跟我们人类很相似了，我们总是担心自己以后的生活，担心明天尚未发生的事，即使是在安稳幸福的时候，也会担心、忧虑，而这些常让人们深感不安的事情，往往并不是眼前的事情，而是那些所谓的"明天"或"后天"的事，那些还没有发生，或永远也不会发生的事情。

也许大家都知道"杞人忧天"的故事吧，讲的就是古人多余的忧虑给我们留下的笑话：这个古人在某个晴空万里的一天，突发奇想："假如有一天，天塌了下来，那该怎么办呢？到时候活活地被压死，那可太惨了。"

此后，他几乎每天都为这个问题发愁，终日精神恍惚，脸色憔悴，似乎世界末日即将来临。

后来人们就用这个故事来讽刺那些总是自找烦恼、忧心忡忡的人。

其实，仔细想想，即使天真的要塌下来，那又有什么办法呢，而关键是现在的天还好好的，姑且把心放下，一切等到那

一天真的到来时再说也不晚。

有一个发生在二战时的故事，一位焦虑过度而病重的士兵向医生求助，医生了解他的情况后，对他说："人生其实就是一个沙漏，上面虽然堆满了成千上万的沙子，但它们只能一粒一粒、缓慢地通过瓶颈，任何人都没有办法让很多的沙粒同时通过瓶颈，因为我们每个人都是一个沙漏。那些沙子就好像忧虑一样，我们必须让它们一个个地解决。"

这个沙漏的比喻是多么贴切地写照了我们的人生。人生就是一个沙漏，我们只能遵照生命的规则处理我们周围的事——不管是快乐还是忧虑，都要一点儿一点儿地享受或排解，不然，我们只能乖乖地做命运的奴隶。

在《圣经》里，耶稣曾对他的信徒说："不要为明天忧虑，因为明天自有明天的忧虑，一天的难处一天负担就好了。"

现代大大进步的医学界已经消除了许多可怕的疾病。可是，医学界一直还不能治愈"忧虑"这一顽疾。这种情绪性疾病所引起的灾难正日渐增加、日渐广泛，而且速度快得惊人。现实中有成千上万的人因为忧虑而毁掉了自己的生活。精神失常的原因何在？没有人知道全部的答案。可是在大多数情况

下，极有可能是由恐惧和忧虑造成的。容易忧虑的人，多半不能适应现实生活，于是跟周围的环境割断了所有的联系，缩到自己的梦想世界，以此解决他所忧虑的问题。

　　在生活中，我也常常陷在忧虑的沼泽里无法自拔。求学时，我总是担心自己成绩下降，考试砸锅，无颜面对父母；工作时，我又担心自己会犯错，怕自己的业绩不好，工作得不到老板的认可，以致虽然每天很努力地工作，但还是觉得自己不够优秀。忧虑每天困扰着我，直接影响了我的心情和生活的质量。一位在外企工作的好友见我总是闷闷不乐，便安慰我说："每个人都是完美的吗？有哪一个人是不会犯错的呢？你的忧虑都是源于你的完美主义。你与其这样不快乐，还不如干脆放下一切忧虑，这样反倒可能会做得更好。"

　　是啊，我们为什么总是有这样那样的忧虑呢？说到底，还不是我们对自己的要求太高、追求太过完美的缘故吗？其实，认真想一想，自古以来有哪个人的一生是完美的呢？有哪个人的一生是毫无缺憾的呢？

　　世事无常，其实谁也说不准明天的事情。活在当下，顺其自然，我们有什么必要为未知的明天而让自己活在种种忧虑之中呢！看一看沙鼠，也许对我们倒是一种意外的提醒。放开心

中的枷锁，释放自己的心情，忧虑只能束缚我们更多伟大的思想，而对现行的生活却毫无益处。

作家荷马·克罗伊在纽约的公寓里写作的时候，经常被热水器发出的响声搅得心烦意乱。后来，他和几个朋友出去露营，当他听到木柴燃烧时发出的声音刚好和公寓里热水器发出的声音一样时，觉得非常奇怪，他在心里突然想到："为什么这些声音和热水器发出的响声一样，为什么我会喜欢这种声音而讨厌热水器的声音呢？"回来后他就告诫自己："火堆里木头的爆裂声很好听，热水器的声音和它差不多。我完全可以蒙头大睡，不去理会这些噪音。"结果，头几天他还注意到它的声音，可不久就完全忘记了它。

像作家荷马·克罗伊的这种心理转变，正如卡耐基所说："其实很多小忧虑也是如此，我们都夸张了那些小事的重要性，结果弄得整个人很沮丧。我们经历过生命中无数狂风暴雨和闪电的袭击，可是却让忧虑的小甲虫咬噬，这真是人类的可悲之处。"

任何人都没有办法既抗拒不可避免的事实，又创造一个新的生活。我们只能选择一种，要么在那些令我们忧虑的事情面前弯下身子，要么抗拒它而被折断。选择抗拒的人往往不懂得

一个道理，那就是"柔能克刚"。有一个柔道大师经常教育他的学生，要像杨柳一样柔顺，不要像橡树一样挺直。这也正如汽车的轮胎，正因为它柔软而能够承受一切，才能在路上支撑那么久。如果我们在多难的人生旅途上，也能承受各种压力和所有颠簸的话，我们就能活得比较顺心。而如果我们一味地去反抗生命中所遇到的挫折的话，我们就会忧虑、紧张、急躁。

人生要战胜忧虑，方能活得豁达，在这方面，世界石油巨子——约翰·洛克菲勒给我们做出了表率。

洛克菲勒在他33岁那年赚到了100万。到了43岁，他建立了一个世界上最庞大的垄断企业——美国标准石油公司。那么，53岁时他又成就了什么呢？

洛克菲勒53岁时，成为忧虑的俘虏。由于他整日生活在忧虑及压力中，他的健康早已被摧毁了。他的传记作者温格勒说："他在53岁时，看起来就像个僵硬的木乃伊：他的头发不断脱落，甚至连睫毛也无法幸免，最后只剩几根稀疏的眉毛。"

温格勒还说："他的情况极为恶劣，有一阵子只得以酸奶为主食。"事实如此，他还经常脱毛，每当他到医院的时候，医生就告诉他患了一种神经性脱毛病。后来，他不得不戴一顶扁帽。不久以后，他订做了一个500美金的假发，从此，一生都没有脱下来过。

洛克菲勒本来是在农庄长大的，他有着强健的体魄，宽阔的肩膀，他在走起路来的时候迈着有力的步伐。可是，在他53岁时，由于他透支了自己的健康，即使是在他的巅峰岁月里，他也变得肩膀下垂、步履蹒跚。

另一位传记作者说："当照镜子时，他看到的是一位老人。无休止的工作、操劳、体力透支、整晚失眠、运动和休息的缺乏，终于让他付出惨重的代价。"

为什么会这样呢？洛克菲勒原本是世界上最富有的人，按照他所拥有的财富来说，可以享受人间美味，但由于他的身体影响，他每天只能靠简单饮食为生。虽然他每周收入高达几万美金，可他一个星期的生活费却用不了两块钱。医生只允许他喝酸奶，吃几片苏打饼干。他的皮肤毫无血色，那只是包在骨头上的一层皮。他只能用钱买最好的医疗，使他不至于53岁就去世。

后来，医生告诉他一个惊人的事实：如果他不能在财富和

生命之间做个选择的话，他只有死路一条。

直到此时，他终于退休了，可惜忧虑已经摧毁了他的身体。

当全美著名的女作家艾达·塔贝尔见到他时大吃一惊，她写道："他的脸上饱经忧患，他是我见过的最老的人。"

当她看见洛克菲勒在教堂里，急切地渴求他人同情的目光时，她说："我心中涌起一种从未有过的感觉，而且那种感觉十分强烈，那就是我久久的难过，我了解孤独和恐惧的滋味。"

医生竭尽全力挽救洛克菲勒的生命，他们要他遵守三项原则——这三项原则，终其一生，他都牢牢记住。这三项原则是：

一是避免忧虑，尽量不去思考那些让你烦恼的事。

二是锻炼身体，多从事运动。

三是注意饮食，每顿只吃七分饱。

洛克菲勒严格遵守这些原则，战胜了忧虑，因此他捡回一条命，并且还得以长寿，最后，他活到了98岁。

毅力是飞翔的翅膀

1984年，麦当劳奇迹的创始者雷·克洛克与世长辞，享年81岁。在麦当劳总部的办公室里，悬挂着克洛克的座右铭——《坚持》，文中写道："在世界上毅力是无可替代的——才能无法代替它，有才能却失败是蠢材；天才无法代替它，没有报偿的天才只是个蠢材；教育无法代替它，世界上有学问的人大都是受过教育的废物，只有毅力和决心才是无所不能的。"

雷·克洛克出生的那年，恰遇西部淘金热结束，一个本来可以发大财的时代与他擦肩而过。按理说，读完中学就该上大学。可是1931年的美国经济大萧条，使他囊中羞涩而和大学

无缘。后来，他想在房地产方面有所作为，好不容易生意才打开局面。此时第二次世界大战烽烟四起，房价急转直下，结果"竹篮打水一场空"。就这样，几十年来低谷、逆境和不幸一直伴随着雷·克洛克，命运无情地捉弄着他。

56岁时，雷·克洛克来到加利福尼亚州的圣伯纳地诺城，看到牛肉馅饼和炸薯条备受青睐，于是到一家餐馆学做这种食品。对于一个年过半百的学徒来说，付出的艰辛是可想而知的。

后来，这家餐馆转让，雷·克洛克毅然接了过来，并且将餐馆的招牌改为"麦当劳"。现在它已成为全球闻名遐迩的超大型企业，在世界上有5637个分店，年收入高达4.3亿美元。

雷·克洛克真是一个时运不济的人，可他没有怨天尤人，而是执着追求，凭借坚强的毅力活得有滋有味。他深信时运不济并非没有时运，而是时候未到，只要自己坚强面对，没有过不去的坎儿。

下面两个小故事说明想要成功，坚强的毅力非常重要：

本田宗一郎创办本田汽车公司。跟其他所有的公司一样，不管它的规模有多大，本田汽车公司的发迹都是由于本田先生那种不懈的毅力所致。

　　当本田还是一名学生时，他就开始了自己的事业生涯。他变卖了所有家当，投入到研究自己理想的汽车活塞环之中。他每天很辛苦地工作，与油污为伍，累了倒头就睡在工厂里，就是希望早日把产品制造出来，以卖给丰田汽车公司。后来，资金出现困难，为了继续这项工作，他甚至变卖了妻子的首饰。最后产品出来了，当他非常高兴地送到丰田后，却被认为品质不合格。遭受失败的他认为是由于自己欠缺知识而导致的这种情况，因此他决定重返校园。在学校苦修两年的期间，他经常因为自己的设计而被老师或同学嘲笑，被讥为不切实际。

　　但是，这些都没有将他击垮，他仍然坚持自己的理想勇敢地朝目标前进。在努力奋斗了两年之后，他终于取得了丰田公司的购买合约。他能如此，全因为他有着不同于常人的毅力。他清楚地知道迈向成功该怎么走，那就是除了要有好的制造技术，还得在遭受挫折时坚强地面对。

　　之后，他又遭受了无数的打击。第二次世界大战结束后，日本的汽油严重短缺。很多人无法开车，他自己也是如此。看到这种情况，本田开始尝试把马达装在脚踏车上，从而代替

汽车。最后，他成功了。人们纷纷来央求也给他们装摩托脚踏车，他装了一部又一部，直到手中的马达都用光了。本田感觉这是个不错的现象，于是他决定开一家工厂来专门生产自己发明的摩托车。

事情并不是那么简单，他缺乏足够的资金。但是，他并没有因此而放弃，他认为一定有办法解决这个问题。接下来，他想到一个方法，就是求助于日本全国一万八千家脚踏车店。他给每一家写了封言辞恳切的信，希望他们能够慷慨解囊，借着他发明的产品，在振兴日本经济上做出贡献。这个方法效果很好，结果他说服了五千多家，凑齐了所需的资金。然而由于他所生产的摩托车既大且笨重，销量很差，为了扩大市场，本田先生把摩托车进行改装，变得更加轻巧，一经推出便赢得满堂彩，因而获颁"天皇赏"。随后他的摩托车又远销到欧美，受到了战后的婴儿潮消费者的青睐。

今天，本田汽车公司是日本最大的汽车制造公司之一，其在美国的销售量仅次于丰田。这些成就的取得都离不开本田宗一郎始终不渝的毅力和决心，没有毅力，他将很难跨过一个又

一个挫折的障碍，走完胜利的道路。

　　无独有偶，肯德基炸鸡速食店创始人桑德士上校也是个典型的例子。原本他在一条旧公路旁有一家餐厅，后来新公路辟建之后，车子不经过这里，他只好把餐馆关了。这时他已经60岁了。

　　他认为他唯一的财产——做炸鸡的秘方，一定会有人要。于是，他开始去拜访那些认为会愿意投资在这张配方上的人。他问了一个、两个……几百个，都没有人要，但他还是认为"一定有人要"，并且不断地研究对方不接受的原因。就这样，经过1009次的尝试，终于有人愿意投资。他成功地创立了世界著名的速食公司，而且在大家认为没有希望的年龄才开始了他的新事业。

　　毅力并不一定是指永远坚持做同一件事，它的真正意思是：你应该对你目前正在从事的工作集中精神，全力以赴；你应该做得比自己以为能做的更多一点儿、更好一点儿；你应该多拜访几个人，多走几里路，多练习几次，每天早晨早起一点儿，随时研究如何改进你目前的工作和处境……

　　在证明毅力是成功的基石这个问题上，也许下面的数字可以给大家一些启发：

　　歌德写《浮士德》花了60年；

　　马克思写《资本论》花了40年；

　　摩尔根写《古代社会》花了40年；

　　托尔斯泰写《战争与和平》花了37年；

　　哥白尼写《天体运行论》花了36年；

　　达尔文写《物种起源》花了20年；

　　徐霞客写《徐霞客游记》花了34年；

　　司马迁写《史记》花了15年；

　　左思写《三都赋》花了10年；

　　曹雪芹写《红楼梦》花了10年；

　　洪昇写《长生殿》花了9年。

　　艰难困苦和人世沧桑是最为严厉而又最为崇高的老师，而毅力则是老师手中的教鞭，它鞭策我们朝着目标奋力前进。人与人之间、弱者与强者之间、大人物与小人物之间最大的差异就在于意志的力量，即所向无敌的毅力，一个目标一旦确立，不在奋斗中死亡，就在奋斗中成功。具备了这种品质，你就能做成在这个世界上能做的任何事情。否则，不管你具有怎样的

才华，不管你身处怎样的环境，不管你拥有怎样的机遇，你都不能使一个两脚直立的动物成为一个真正大写的"人"。

你就是自己的神

平凡的人超越别人，智慧的人超越自己。

这个世界上真的有神明的存在吗？如果有，它又能改变什么呢？

无数人，尤其是上点儿年纪的妇人，对这种神明的东西深信不疑，其实很多时候，这都只是自己对无法改变的人生的一种慰藉，事实上，这种想象并不能改变任何现状。而能改变命运的只有你自己。

曾经看过这样的一段话：如果仅从身体条件看，人类只是很平淡的物种。在力气上，人比不过大象、老虎，甚至比不

过和他同样大小的其他动物。人虽能昂首阔步地行走，但行动远不如猫灵巧；人也跑不过狗，更跑不过马了。人的视觉不如鹰，嗅觉不如狗，听觉不如羚羊，很多感觉都很迟钝。人类虽能站立，但站久了却要腰酸背痛，这说明人的骨骼和肌肉不太适合他的直立姿势。人可能是生物界中唯一不协调的物种，其他生物绝无这种情况。鱼在水中游，鸟在空中飞，都是那样和谐完美。甚至小小的昆虫，都能有那么大的繁殖力和那么强的适应环境的能力。但是，主宰世界的仍旧是人类。

　　人类能做到这一点，完全靠的是人们的智慧。换句话说，人类具有其他动物无与伦比的大脑。仅仅是这一差别，使得人类统治了世界。

　　人的智慧可以使人超越自己身体的局限和不足，人没有翅膀，但可以驾驶飞机在天上翱翔；人的视力有限，但可以借助超能望远镜看到宇宙星空的细小变化。人总能够利用自己的智慧不断地超越自己。真正的命运事实上也只是掌握在我们自己手中，但不是与生俱来，而是靠自己创造，靠自己掌握。

　　无数事实告诉我们：自己才是自己的主宰。

　　19世纪初，美国一个偏远的小镇里住着一名远近闻名的富商，富商有个19岁的儿子叫伯杰。

　　一天晚餐后，伯杰欣赏着深秋美妙的月色。突然，他看见窗外的街灯下站着一个和他年龄相仿的青年，那青年身着一件破旧的外套，清瘦的身材显得很羸弱。

　　他走下楼去，问那青年为何长时间地站在那里？青年满怀忧郁地对伯杰说："我有一个梦想，就是自己能拥有一座宁静的公寓，晚饭后能站在窗前欣赏美妙的月色。可是这些对我来说简直太遥远了。"伯杰说："那么请你告诉我，离你最近的梦想是什么？""我现在的梦想，就是能够躺在一张宽敞的床上舒舒服服地睡上一觉。"伯杰拍了拍他的肩膀说："朋友，今天晚上我可以让你梦想成真。"于是，伯杰领着他走进了富丽堂皇的公寓，把他带到自己的房间，指着那张豪华的软床说："这是我的卧室，睡在这儿，保证像在天堂一样舒适。"

　　第二天清晨，伯杰早早就起床了。他轻轻推开自己卧室的门，却发现床上的一切都整整齐齐，分明没有人睡过。伯杰疑惑地走到花园里，他发现那个青年人正躺在花园的一条长椅上甜甜地睡着。

　　伯杰叫醒了他，不解地问："你为什么睡在这里？"

青年笑笑说："你给我这些已经足够了，谢谢……"说完，青年头也不回地走了。

30年后的一天，伯杰突然收到一封精美的请柬，一位自称是他"30年前的朋友"的男士邀请他参加一个湖边度假村的落成庆典。在那里，他不仅领略了典雅的建筑，也见到了众多的社会名流。接着，他看到了即兴发言的庄园主。

"今天，我首先感谢的是在我成功的路上，第一个帮助我的人，第一个帮助我的人，他就是我30年前的朋友伯杰……"说完，他在众人的掌声中，径直走到伯杰面前，并紧紧地拥抱他。此时，伯杰才恍然大悟，眼前这位声名显赫的钢材大亨特纳，原来就是30年前那位贫困的青年。酒会上，那位名叫特纳的"青年"对伯杰说："当你把我带进寝室的时候，我真不敢相信梦想就在眼前。那一瞬间，我突然明白，那张床不属于我，这样得来的梦想是短暂的。我应该远离它，我要把自己的梦想交给自己，去寻找真正属于我的那张床！现在我终于找到了。"

我们每个人在为自己设定奋斗目标的时候，目标的困难度决定于人们对自己的要求和要完成任务的技术。一个运动员要在一项自己不擅长的运动项目上夺标要比在一项自己很熟识的项目上

夺标难。因此，难度是相对于人们对自己的要求和他们现阶段的能力水平而言。如果他们对自己在表现上的要求超出了自己现时的能力水平，便为自己设立了一项具有挑战性的目标。

如果一个人敢于向自己以往的表现和能力水平挑战，当遇到困难时，便会尝试学习新的方法来解决它，经过不断学习，他的能力就会有所提高，他就实现了超越自己。

设定具有挑战性的目标可以提高人的创造力，可以使人不断地发展自己的能力，超越自己现在的水平。

只有具备积极的自我意识，一个人才会知道自己是个什么样的人，并且知道能够成为什么样的人。因而他能积极地发挥和利用自己身上的巨大潜能，干出非凡的事业来。

罗斯福曾说过："杰出的人不是那些天赋很高的人，而是那些把自己的才能在尽可能的范围内发挥到最高限度的人。"

拿破仑在学校读书时，简直笨得出奇。不论是法语还是别的外语，他都不能正确地书写，成绩也一塌糊涂。而且，少年的拿破仑还十分任性、野蛮。

在他的自传中，曾这样写道："我是一个固执、鲁莽、不认输、谁也管不了的孩子。我使家里所有的人感到恐惧。受害最大的是我的哥哥，我打他、骂他，在他未清醒过来时，我又

像狼一样疯狂地向他扑去。"

不仅如此，拿破仑还袭击比他大的孩子，脸色苍白、体态羸弱的拿破仑却常让他的对手不寒而栗。他家里的人都骂他是蠢材，人们都称他"小恶棍"。

可是，在这个遭人白眼的孩子内心中，信念的力量悄悄地滋长着。

他朦胧地意识到自己的与众不同，然而他还未真正地认识它。而且，他心中有一种狂妄而任性的想法：凡是自己想要的东西，都要归自己所有。

一天天长大的拿破仑开始更理智更成熟地关注自己。他常沉溺于同龄人所无法想象的冥思苦想之中，他又疯狂地迷恋着各种复杂的计算，他已学会用冷静而彻底计算过的理智很好地控制自己的行动。

他惊奇地看到自己表现出来的出色的思考力，第一次真正地认识自己。他的行动变得果断而敏捷，富于抗争精神。一种崭新的渴望点燃了他生命的热情，终有一天，他明确无误地告诉自己："是的，我具有出色的军事家的素质，权力就是我要得到的东

西！"清醒的自我意识一旦形成，便发挥出巨大的推动作用。拿破仑在成功之路上连战连捷。35岁时他登上了法国皇帝的宝座。

　　拿破仑的奋斗过程告诉我们：积极的自我意识形成的过程，同时又是不断和现实抗争的过程，不断地认识自我、超越自我的过程。一个永远不对自己的命运低头的人，就永远可以找到更好的方法；一个拥有这种精神的人，也是能够正确地认识自己的人。凡是创业而有所成的人，无一不是在拼搏中认识自我、最终实现自我的。

　　对自己了解得越多，对世界了解得越多。

　　在心灵深处给自己做一次自我确认，生活，事业及已经拥有的一切。自己的事，自己主宰。自信起来，勇敢地做起来，留出时间思考自己，关注自己，不断增强自己的实力。没有实力的自信，就只能是沙滩上的空中楼阁。只有使自己成为强者，才能使自己真正成为自己的主人，也才有可能创造出精彩的生活。

　　请坚信这一点：你是自己的神，用自己的生命、梦想、事业保护着你自己。

　　你是自己的神，用所有捍卫着自己，包括所谓的命运。

　　你是自己的神，永远都是。

攀越成功的巅峰

印度有个苏丹，他有三个儿子，老大是侯赛因，老二阿里，老三阿默德，此外还有个侄女叫诺人尼哈尔。诺人尼哈尔才貌双全，所以老苏丹的三个王子都对她心存爱慕，都想要跟她喜结连理。

老苏丹对兄弟三个说，你们不能在一起追求她了，这样会让你们兄弟反目。所以老苏丹思考之后，决定让儿子们遵从自己的意志，将侄女许配给他们中的一个。他的努力白费了，三个儿子谁也不肯让步。

一天，老苏丹把儿子们叫到自己身边，让他们准备一次

为期三个月的旅行，各自去往不同的国家。他告诉他们，旅行结束后谁能够给他带回世上最珍贵的礼物，他就把公主许配给谁。三个王子都答应了，每个人都是踌躇满志的样子。

老苏丹给了他们旅行所需要的钱。他们在城门口集合，王子们装扮成商旅，每个人都带上值得信任的官员化装成随从。他们检查了一下行李，就出发了。

旅行的第一天，他们走的是同一条路，晚上在一起用餐时，他们约定三个月后在附近同一家旅店聚齐。谁第一个回来，必须要等三兄弟都到齐了才能回城，因为他们是一同离开国王身边的，也得一同回去。第二天早上，他们各自和对方道别，之后便和自己的随从上了马车，各自去了不同的方向。

老大侯赛因曾听说世上最富有的王国是比斯那葛尔，于是就驱车前往那里。到了比斯那葛尔，侯赛因首先找到了商人聚集的地方。一个商人见他如此疲惫，便邀请他去自己的店里休息。他刚坐下没多久，看到一个商贩外出卖东西回来了。商贩的手臂上挂着一条小毛毯，他自称小毛毯值四十金币。侯赛因很奇怪，不明白为什么这么小的一块毛毯却这么贵，难道它有

什么奇异之处吗？

　　"没错，先生，"商贩回答道，"这块毯子确实有不同寻常之处，坐在这块毯子上可以立马飞往他想去的任何地方。"

　　"如果是那样的话，"侯赛因说，"四十金币倒是不贵。"

　　"先生，这是真的，后面有个大仓库，到那里铺开毯子，我们坐上去，就可以对它提出要求，让它带我们去您所住的旅店，如果我们没有到达那里，那您可以不买。"

　　侯赛因同意了，他们一同来到了仓库，把毛毯铺开，坐了上去。侯赛因说，带我们回旅店。果然，他们立刻回到了旅店。这条毛毯的神奇之处果然得到了验证，侯赛因很高兴，再付给了商贩四十金币，还给了他不少小费。

　　侯赛因王子得到这个宝贝后大为兴奋，他相信这条神奇的毯子一定能帮自己娶到美丽的诺人尼哈尔。

　　在游览了比斯那葛尔的所有古迹之后，侯赛因王子开始想念美丽的公主了，他希望立刻飞到她身边。他拿出毛毯，与他的随从一块儿坐了上去，希望毛毯将它们带回到当初与弟弟们分别的旅店，因为他们在临行前曾约定在那里聚齐。

　　二王子阿里计划前往波斯，与他的兄弟们分别后，他加入了一个旅行队，不久就到达波斯王国的首都。

　　他在经过珠宝商人的住处时看到有人在卖一个象牙管，这个象牙管长约一英尺、厚约一英寸，看上去很普通，却要价五十金币。他觉得卖主一定是疯了，就去问他这个看起来不过只值一个金币的象牙管为什么卖这么贵。

　　珠宝商答道："先生，我可不是疯子，这象牙管有神奇的功能。你朝它里面看看，能看到任何你想看到的东西。"

　　阿里王子从珠宝商手中接过象牙管，向里面望去。他想看看自己的父王现在在干什么。果然他在里面看到了父王的身影，他坐在王座上，正在和王公大臣们商议着大事。阿里很是惊奇，他还想见到日思夜想的公主。他的这个念头刚刚闪过，象牙管里就出现了公主迷人的笑容，她正与一群妇人们谈笑呢。

　　阿里王子相信他得到了世界上最珍贵的礼物，于是他把珠宝商带到自己下榻的旅店，给了他五十金币买下了这个宝贝。

　　阿里王子很是高兴，认为自己得到了一个宝贝，他肯定自己的哥哥和弟弟一定找不到比这更神奇的宝贝了，那么自己就

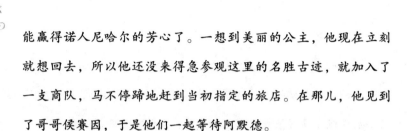

能赢得诺人尼哈尔的芳心了。一想到美丽的公主，他现在立刻就想回去，所以他还没来得急参观这里的名胜古迹，就加入了一支商队，马不停蹄地赶到当初指定的旅店。在那儿，他见到了哥哥侯赛因，于是他们一起等待阿默德。

　　阿默德去了撒马坎德，像他的哥哥们一样，他在那里也碰到一个商人。

　　商人手里拿着一个人工制成的苹果，开价四十五金币。

　　"让我看看这假苹果，"阿默德说，"它有什么神奇之处，你竟然要四十五金币？"

　　"先生，"商人说，把苹果放在阿默德手里，"仅仅看外表是看不到它与普通苹果有什么区别，但它却有神奇的功效，这种功效让它成为无价之宝。它能治疗各种疑难杂症。就算是将死之人，只要闻一闻它的味道，立刻就能活蹦乱跳。"

　　"如果真是这样，那这个苹果的确是无价之宝，但我怎么知道你说的是不是真的呢？"

　　"先生，全城的人都知道这个秘密，你可随便找个人问，这里不少人都被这个苹果救过，要不是它，很多人可能现在已

经不在人世了。"

　　他们说话的时候周围已经聚集了一堆人，他们纷纷表示，商人所说的确实是实情。围观的人中，有一个人很焦急，他说自己有个朋友现在病得很重，有生命危险，恳请商人前去救命。

　　阿默德王子于是向买主承诺道，如果苹果确实能够治愈这个病人，就愿意花四十五金币买下它。

　　"好吧，先生，"商人说，"我们过去试试，看来这个苹果很快就是你的了。"

　　那个奄奄一息的病人闻了苹果之后立刻没事了。王子很高兴，付了钱买下了苹果。他得到这个宝物后，立刻马不停蹄回到他和两个哥哥约定的集合地点。

　　兄弟们相互拥抱了对方，为彼此的安全到达而高兴。接着他们拿出了各自的宝贝。侯赛因展示了神奇的飞毯，并告诉他们，飞毯可以飞来飞去。阿里掏出了他的象牙管，于是兄弟三个从管子里看到了他们的梦中情人。然而令他们目瞪口呆的是，美丽的诺人尼哈尔正躺在床上，看上去似乎已经病入膏肓了。三位王子几乎异口同声地惊叫起来。

阿默德焦急地向兄弟们求说道："我们要赶快，现在没时间了，我们要救她，而且我们也能救她。这个苹果具有神奇的功效，只要闻上一下就能起死回生。这是我亲眼看到的，只要我们能赶回去，就能够救她。"

"对，现在时间紧迫，"侯赛因说，"乘我的飞毯赶到公主身边，这是最快的办法。都过来吧，我们坐在上面，它能瞬间带我们到达。"

他们坐上飞毯，立刻腾云驾雾般飞到了诺人尼哈尔公主的房间里。阿默德王子从飞毯上下来，来到公主床边，取出苹果放在她的鼻子前。

公主苏醒过来，很高兴看到了久别重逢的王子们，对他们为自己所做的一切感到满意。

王子们和公主一起去见老苏丹。老苏丹见到他们很高兴。

王子们各自展示了自己带回来的珍宝，请求老苏丹宣布他们当中谁能娶到公主。

老苏丹思索着，自己到底该怎样选择呢？最终他宣布："孩子们，也许你们其中一个会成为公主的丈夫，可是如果这

样的话，我又没法做到完全公正。阿默德，由于你的苹果才治好了公主的病，但如果不是借助阿里的象牙管得知了公主的病情，如果不是依靠侯赛因的飞毯这么快地赶到了公主身边，你就算有包治百病的苹果也没办法；阿里，你的象牙管让你和你的兄弟们知道了你公主的病情，但如果没有苹果和飞毯，你光知道病情也于事无补；侯赛因，你的飞毯在救治公主的过程中的确发挥了举足轻重的作用，但如果不是从阿里的象牙管那儿知道了病情，从阿默德的那儿得到了救人性命的苹果，你就算用飞毯飞到她身边，也救不活她。因此，这次的比赛不相上下，在救治公主的过程中你们缺一不可。"

后来，老苏丹通过对三个儿子的仔细观察，决定让阿里迎娶公主。阿默德只好伤心地离开了，他碰到了美丽的巴诺公主，从她那儿获得了最珍贵的财富，那是依靠内在的精神力量做到了这一切。

第六章

信念铸就成功

做自己思想的主人

一位中世纪的作家曾说过："每个人的内心都有一个圣人。"每个人都具备获得成功的能力。

我曾经读过这样一则短文：

不到一年以前，我揣着兜里的23美元干起了汽车修理行当。我拿着这些钱首先买了价值14.4美元的工具，然后租了有两个车位的库房。紧接着，我开始跟各种人宣传我自己，我告诉他们我能为他们的汽车提供怎样的服务。30天过去了，我获得净收益是476.8美元，并且还有50美元马上就要到手了。

1926年6月，我必须找一个更大的地方来开展我的业务，

因为我已经有了大概591个固定客户，他们在其他地方根本享受不到像我这样的服务。现在，我正在跟别人洽谈一块这个城市里最好的地段来服务我的客户。

在前几天的一份报纸上，我读到这样一个故事，一个名叫帕默·海顿的黑人，33岁，放弃了自己原来的工作只身来到欧洲学习艺术，获得了海默基金颁给艺人的400美元的奖励。他有勇气走出原来的生活打造一个全新的自我。

我还认识一个年轻人，当他还在读大学的时候，通过一次偶然的机会发现了一片处女地——卖雨衣，黑色的雨衣。他认为，在每个城市很少有商人能够购置所有型号和大小的雨衣，但是，如果有这么一家商铺，它经营全国的雨衣销售，把货物发往需要的地方，情况就不一样了。

于是，他借了一部分钱开始自己的计划，并通过邮件的方式宣传自己。今天，他已经成为一名富翁。

他敢于走出第一步。

只要你能够意识到上帝已经为你准备了多么广阔的一片天地，你走的每一步都会得到上帝的首肯和帮助；如果你把上帝看作一位慈爱的父亲，你是他的儿子，在你蹒跚学步的时候，他目不转睛地注视着你，随时保护你以免摔倒，随时给你力量和支持——你的心理还有什么恐惧和担忧呢？明白了这一点，你将获得巨大的进步与成功。

你到我这位置上来，遵守我的戒律；

然后，我会让苍天在该下雨的时候下雨，大地会孕育万物的生长，树木会结出自己的果实。

你会在丰收的季节收获粮食，葡萄会在丰收的季节成熟；你将拥有吃不完的面包，安静祥和地生活在这片土地上。

我会给你一片平静的土地，你将躺在里面，不再感到害怕。（《旧约圣经·利未记》）

但是，你要是想有进步，你必须要为自己勇敢地向前迈进；如果你想在历史上留下自己的名字，你就不能安于上帝为你铺平的道路。

当你在其他孩子中间时，你知道一句"妈妈的宝贝"对你意味着什么；你也知道那些饭来张口衣来伸手的富家子弟在失去生活来源之后到底能支撑多久。

上帝比一般的父亲拥有更多的智慧和勇气，他给他的孩子充分的自由。他敢于让孩子一个人面对充满陷阱和危险的世

界，让他们学会依靠自己，成长为一个真正的顶天立地的人。

但是，上帝始终会在我们的身后，他的手随时会伸出来帮助我们，指点我们前进的方向。

只有当我们意识到上帝的存在，才能得到上帝智慧的帮助。上帝无时无刻不在关怀和爱护着我们。

"疲乏的，他赐能力；虚弱的，他加力量。"（《以赛亚书》）

上帝给了我们自由的意志，所以不会把他的意志强加给我们。上帝不会支配我们，所以也不会强制我们按照他为我们设计的道路前进。但是，如果我们学会与上帝一起前行，那么，他会如同一位父亲一样耐心地教导我们。我们要学会与上帝分享我们的快乐和痛苦，让他帮助支持我们的事业，明白上帝是我们最大的支柱。

你永远都不必迟疑，勇敢地迈出你自己的第一步，因为上帝就在你的身后，你不会失败。你永远都不能失掉信念、失掉热情，你拥有超越一切困难的力量和勇气。最重要的是，你必须迈出最艰难的第一步，因为假如你不能迈出第一步，上帝也不能帮助你实现梦想。

一位名叫卡皮托的读者来信说："自从我收到了你的第一

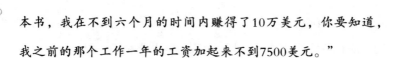

本书，我在不到六个月的时间内赚得了10万美元，你要知道，我之前的那个工作一年的工资加起来不到7500美元。"

他终于迈出了自己的第一步。

现在，你该怎么办——你开始自己的事业了吗？你想这样做吗？让我们先来评估一下自我：

首先，是列举出所有自己认为做得比较成功的事情，即便那些事情看上去很微不足道。回到你的童年，想想自己那个时候最爱玩儿的游戏是什么。

那个游戏需要你有较强的主动意识，敏捷的思维和快速的行动吗？你是一个"独立性强的人"还是一个"善于合作的人"？换句话说，你是个闪耀的"星星"，还是一个为了团队的利益勇于奉献自己的人？

你是否有过成功带领一个团队的经验？你的队员喜欢你吗，他们对你的命令或者想法都会很有激情吗？你能够把你的团队中每一个人的力量都集中到一个点上吗？

回答上述这些问题都非常的必要，当然，如果你还能够发自内心去回答这些问题。明确答案以后，你就要想尽一切办法把你自己的特质发挥到极致，它们会成为你事业的催化剂。

其次，你现在喜欢什么游戏？是喜欢一个人的游戏，还是团

队的合作？游戏是一个非常好的指示器，通过它你能够发现自己的潜质和特性。我过去认识一个人，他非常精明，但与其他人很难建立起友好的合作关系，直到他开始玩纸牌游戏后才开始与人合作。你是怎么样玩儿桥牌的呢？随时注意到你对家的牌，还是根本不去管他呢？你喜欢怎样打网球？单打还是双打？

　　我并不是要去贬低或者批评那些喜欢独来独往的人，我只是想引导你分析自己到底属于哪一类人。如果你在一个人的时候发挥更出色，可以更好地将自己的注意力集中在工作或者事业上。在另一方面，如果你更擅长团队合作，那么就朝团队的方向发展，运用自己的领导艺术，让每一个人都能发挥出最佳状态。

　　再次，真实地列举出自己的特点、特长，考察自己接受新观点、新事物的能力，比如是否多才多艺、待人是否真诚、社交能力、说服别人的能力、勇气的大小、毅力等。

　　要客观地评价自己，从这些评价的结果中，从你曾经的失败和成功中间来判断自己最适合从事的职业，然后就开始行动吧！

　　不要盲目地去行动。首先要学习，现在各行各业都有自己专业的书籍，在大学中也有相应的科目。你最好都要拿过来学

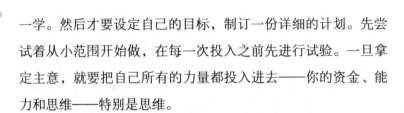

一学。然后才要设定自己的目标，制订一份详细的计划。先尝试着从小范围开始做，在每一次投入之前先进行试验。一旦拿定主意，就要把自己所有的力量都投入进去——你的资金、能力和思维——特别是思维。

不要分散自己的能量。你的双手可以同时进行很多工作，但是你的思维绝对不行。如果你想取得成功，你就必须全身心地投入，就如同马可尼电报系统一样，将所有的能量都集中到一个方向上。"没有人能够同时服侍两个主人"，并且保持绝对的公平。

选择你的目标，然后，仿佛探照灯一样，将自己所有的能量都集中到你的目标方向上。不要轻易地改变方向，不要因为其他事分散自己的精力，集中注意力，如同太阳透过放大镜一样，集中到一个点，才能爆发出足够的能量，你才能获得成功。

"我会指导你，告诉你该如何走；我会用我的眼睛为你指引前进的道路。"（《圣歌》）

调整自己的思想

　　每个人都有自己不同的思想，无论是什么样的思想，它都将改变一个人的人生。每个人没有权利去选择自己的命运，但是不同的思想也可以决定不同的命运。

　　一个人的思想是什么样的，就会决定他未来有什么样的命运。

　　如果一个人的思想是邪恶的，他总想左右时间、空间，想凭着诡诈和计谋来达到自己的目的，那么他最终的结果一定就是失败。

　　如果一个人的思想是善良的，处处喜欢帮助别人，机会就一定会靠近他，尽管他可能经历了种种的磨难和痛苦，可是他

最终一定会取得成功。因为他有一个很好的思想，一切困难都会好好地去面对、去耐心地解决。在我们很坦然地去对待困难的时候，就会发现，其实困难并不是不可战胜的。

思想对我们人生的影响是巨大的，如果把我们的心灵看作一块田地，你可以精心地照顾它，那么最终你一定会得到一个好的收成。相反，如果你不去理它，任它荒掉，那么最后你的结果就可能是颗粒无收。

其实思想就是我们面对问题的态度，它和我们的人格是一体的。每个人都会因为周围的环境而影响到自己，大家都通过身边不同的环境和机遇努力地接近自己的目标，而在这期间，思想是决定我们有怎样结果的主要原因。

如果一个人能够不断进步，很清楚自己的发展方向并且拥有一个健康、积极、乐观的的思想，那么我们所建立的目标将很快就会实现。因为当他们有了这样的思想后，不管受到外界什么样的影响，他们都不会改变自己，在遇到困难的时候，他们都会很坦然地接受，并且会积极地去解决。

要是你发现自己一直不能掌控自己，而是被周围的环境左右着，自己始终都被命运掌控着，就说明你还没能够掌控自己的思想，一旦你可以掌控并调节自己的思想，你就完全可以把

自己的命运掌控在手中。

　　在我们实现自己理想的过程中，都会遇到一些困难和挫折，无论你是战胜了困难，还是选择了逃避，存在你内心光明的或者是昏暗的思想都会有所成长，而这些思想就是决定我们命运的主要因素。

　　很多人都在尽最大的努力来改善自己的生活环境，他们都希望自己的人生有所成就。可他们并没有注意调整自己的思想，以至于尽管他们付出了很大的努力，可最终还是没能够改善自己的生活环境。想要取得成功就必须付出努力。这个道理想必人尽皆知，可有时候在我们付出努力的时候，如果没有把思想调整好，尽管你付出了努力，可也不一定就会取得成功。

　　想要取得真正的成功，就一定要有一个健康的思想，在健康的思想当中，宽容给我们带来的帮助是极其重大的，它的力量是无限的。

　　在周五的晚上，大家都想赶快回到家好好地休息，过一个快乐的周末。一位女士匆忙地上了一辆公交车，车上人很多非常拥挤。在车辆转弯的时候，这位女士不小心踩到了旁边一位男士的脚，她有点儿不好意思红着脸对着这位男士说："真是对不起，我踩到你的脚了，你一定很疼吧？"可接下来这位男

士的回答让她觉得轻松了很多。这位男士微笑着对她说："没关系，这不是你的错，应该我向你道歉才对，都是我的脚，它长得过于肥胖了，看来我得给它减肥了。"顿时车上的笑声响成一片，每个人的表情都很轻松。非常明显，他们为这位男士的优雅风趣感到敬佩，而且相信这位男士给全车人都留下了一个好的印象，当然也包括这位女士。她一定会怀着高兴的心情回到家中，度过一个快乐的周末。

一位漂亮的女孩儿一不小心滑倒在商场的通道上，她手中的冰激凌落到了一家店铺的门口，冰激凌上的奶油弄脏了地面。她特别紧张，生怕店里的老板会找她的麻烦，赶紧从包里拿出纸一边把地面擦干净一边对老板说："实在是对不起，我把你们的地面弄脏了。"

可让她没想到的是老板却这样回答了她："没事的，这都怪我们家的这块地板，它有可能是太想吃冰激凌了。"这个女孩儿听后笑了，她笑得是那么甜美。她开始和这个老板聊天，最后她在这家店铺里买了几大包的东西才离开。

这就是宽容的力量，它可以给我们带来快乐，也可以给我们带来意外的收获。我们不妨设想一下，如果那位乘车的男士

和店铺的老板没有用一种宽容的方式去面对问题，那么所得到的结果一定会完全不同。

　　第二次世界大战结束后不久，英国开始有一次选举，在这次选举当中丘吉尔落选了。丘吉尔是一个闻名世界的政治家，对于一个如此伟大的政治家来说，这一定是一件让人感到非常狼狈的事情。可丘吉尔的表现却恰恰相反，他很坦然地接受了这一事实。当时他正在自己家的游泳池里游泳，当他得知这个消息后，不但没有感到失落，而且还很高兴。他笑了笑说："好极了！这说明我胜利了！我们追求的就是民主，民主胜利了，难道不值得庆祝吗？"

　　丘吉尔不愧是一名伟大的政治家，他的这一举动更证明了一名伟大政治家的风范。

　　在一次酒会上，一位对丘吉尔有些偏见的女政治家举着酒杯走到了丘吉尔的面前说："丘吉尔先生我恨你，如果我是你的妻子的话，那我一定会在你面前的这杯酒里下毒。"丘吉尔心里非常清楚，这位女政治家是在挑衅他。可丘吉尔并没有在意，也没有做什么反击，而是笑了笑说："你放心，如果我真的是你的丈夫，那我一定会把这杯酒一饮而尽的。"这虽然是

一段简单的对话，可它更证明了一点，那就是宽容可以化解那些无谓的争执和厮杀，在平和地解决一件事情的同时，还会为自己赢得一个高尚的形象。这就是宽容的力量。

我们应该调整好自己的思想，它对我们的工作和生活影响非常的大，思想是决定我们取得什么样人生的关键。做事的时候，我们要学会包容和忍让，让自己始终都保持一种健康快乐的心理，那么幸福的大门一定会为我们而敞开。

错误的思维方式

　　思维方式是主体获取、加工、输出信息的认识方式。思维方式也有正确与错误之分。正确的思维方式是符合客观规律和思维规律的认识方式；错误的思维方式是与客观规律和思维规律相违背的认识方式。思维方式的性质不同，思维的效果及其对实践的影响也不一样。

　　《韩非子·五蠹》篇讲了一则"守株待兔"的寓言故事：宋国有个农夫，有一天在地里耕作时，看见一只兔子疾奔过去，正好碰上了地边的一个树桩，把颈子给折断了，死在树下，他不费一分力气，就捡了一只兔子。此后，这个农夫就放

下锄头，老是坐在那个树桩附近等着，希望再次捡到撞死的兔子。可是，再也没有兔子来碰树桩了。在他原来耕作的地里，长出了很多杂草，一片荒芜。

从守株待兔这则寓言故事可以看出狭隘经验型思维模式及其危害。狭隘经验型思维模式是指通过自己的或他人的特殊经验来获取信息。其中，来自自身的特殊经验在思维过程中往往会受到特别的重视，这种特殊经验是在局部活动、较狭窄的范围活动中获取的，有时它是不可重复的或不再重复的。

狭隘经验型思维模式总是仅仅按照原有经验思维定式、习惯性的经验操作程序去处理所获取的特殊的经验。思维定式是指人们受已有的知识、经验和特定的思维模式、社会流行的思维方式等因素的影响，在思维之前就已经具有的倾向性和思维预期系统。经验思维定式是在运用思维定式的经验中形成的、被认为是可能有效的思维定式。习惯性的经验操作程序是指根据过去思维操作的步骤所形成的习惯性的思维步骤。一种操作程序被重复一定次数之后，就会形成格式化，积淀下来成为习惯。经验思维定式和习惯性的经验操作程序在一定范围内是有效的，它可以加速思维活动的完成，缩短思维过程，提高思维效率，但它们也具有一定的不可靠性，特别是在处理表面上类

似于过去的经验而实际上却比过去的经验要复杂得多、有根本的不同之处的新信息时，它们的可靠性就更低。这就需要运用理论型思维方式来弥补它们的这种局限性。理论型思维方式是运用理性由经验提高到理论这样一种辩证思维方式，它既尊重经验，又不迷信经验，不把经验凝固化、绝对化；它既尊重理论的作用，又不忽视经验的功能。而狭隘经验型思维方式却仅仅按照原有的经验思维定式和习惯性的经验操作程序去加工新近获取的特殊经验，这就无法克服经验思维定式和习惯性的经验操作程序所固有的局限性，因而不能正确地完成信息的加工任务，就会形成片面性的结论。

狭隘经验型的思维方式把片面性的结论无限外推到其他的事物和范围中去。通过信息加工得到的片面性的结论，如果把它还原到原有的情境中去，也许还是有效的，但把它无限外推，就必定会成为无效而有害的结论。把这种结论无限外推以后，就会因为它不适合于外推事物的范围而招致行动上的失败。

在中国革命史上，狭隘经验型的思维方式曾被运用于政治思维中，导致革命在一定时期和一定范围内的失败。由于错误路线执行者把当时苏联中心城市武装起义夺取了革命政权的经验无限外推到市中，主张在中国也搞中心城市的武装起义，脱

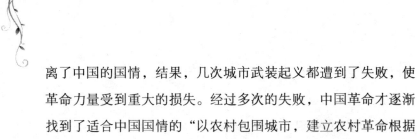

离了中国的国情，结果，几次城市武装起义都遭到了失败，使革命力量受到重大的损失。经过多次的失败，中国革命才逐渐找到了适合中国国情的"以农村包围城市，建立农村革命根据地，最后夺取城市和全国的革命胜利"的正确道路。

在国际共产主义运动史上，把苏联经济建设的特殊经验盲目外推到东欧、中国等社会主义国家，也曾导致了这些国家的经济建设在某些方面的挫折。

在科学史上，有些科学家因为囿于狭隘经验型的思维方式，也曾造成了科学发现过程的失败。克鲁克斯、古兹皮德、詹宁斯、勒纳德等科学家在伦琴发现X射线之前，差不多都已经走到了这一重大发现的边缘，但是他们却由于局限于狭隘的经验型思维方式，不能正确地理解和阐释他们自己所做实验中出现的新现象的意义，以致接二连三地错过了发现X射线的机会。正如恩格斯所说，在物理学史上，当电学处于支离破碎的状态时，"片面的经验在这一领域中占有优势""这种经验竭力要自己禁绝思维，正因为如此，它不仅是错误地思维着，而且也不能忠实地跟着事实走或者只是忠实地叙述事实，结果就变成和实际经验相反的东西"。

守株待兔的人会在不知不觉中消耗掉自己的青春，无法把

自己的潜能在环境中最大能量地发挥出来。这种人像是透过三棱镜，扭曲了自己，也扭曲了他人，因而不可能成功，却很容易失败，因为他们根本就不去做。

下面的例子也许会对你有所教益：

从上大学时，李最大的梦想便是当名电视记者。她出身高贵，一直由于有着中上层社会关系和事业上成功的父母而备受身边的人的青睐。借助于家庭的支持和帮助，她完全有实现自己理想的一切机会。

她也确实有这个能力。她善于与人交谈，容易获得他人的信任和亲近。她常说："只要给我一次上电视的机会，我就会让所有的人欣赏我。"在日复一日中，她在等待着某个像神仙一样的人来到她的身边给她上镜头的机会。她要马上成功，一下子成为一个著名的电视人。她在默默地等待，却没有做任何事情。等到她实在是等不下去、开始四处去推销自己时，别人的回答却都是一样的："你或许真的如你所说，确实有做电视人的潜能，但我们现在招聘的就是电视人，要马上就能投入工作的人，你的实习期我们可能接受不了。"

李的梦想就这样被断送了，至今她仍不曾想到要去为自己

的理想做点儿什么。而欣就不一样了，这个外表朴实的姑娘在历经了一番奋斗之后终于实现了自己要做电视人的梦想。

欣与李一样，从小也梦想着成为一名电视人。她可不像李那样有经济保障，每天都得去工作，晚上还要去大学的艺术夜校学习。毕业后，她到处找工作，跑遍了她家乡的每个电视台和广播电台。但与李当时所得到的回答一样，他们几乎都是因为她没有经验而拒绝了她。但她从不放弃，她仔细地翻阅各种报刊，终于，有一天，她看到这样一则广告：东北的某个县级电视台招聘一名女播音员。

欣其实是个怕冷的人，但一想到去那里，就可以从事自己所喜爱的电视工作，她就全不在乎了。她抓住这个机会，动身去东北。

她在那儿干了三年，在成为台柱子，积累了电视台工作所有的经验之后又返回家乡。现在，她是市电视台的主播。

欣与李是不是正好相反呢？想要获得成功，你会怎么办？

《吕氏春秋·察今》里说，楚国有一个搭船过江的人，一不小心，在船正行驶的时候把随身所带的一把剑从船边掉进江里去了。他马上在剑落水的船边刻了个记号。站在一旁的

人问他："你在船边刻了个记号，做什么用呀？"他回答说："我的剑就是从这儿落入水中的，我做这个记号，等会儿船靠岸时，我就从这个有记号的地方下水去把剑找回来。"船靠岸时，他真的就这样去找剑，当然是什么也没有。

1.刻舟求剑

刻舟求剑，就是一种教条主义、刻板的思维方式。这种思维方式获取信息的渠道是"本本""红头文件"；在信息的加工方式上是用孤立、静止不动的观念去机械地加工所获得的信息，并把所得的结论机械地套用在其他事情上。

教条、刻板的思维方式的形成，是由于未能正确地看待"本本"和"红头文件"。"本本"是人写出来的，是对经验的理论总结，有些"本本"是科学的，有些是有谬误的，有些则是科学与谬误的混杂。有些"本本"是比较完善的，有些是不太完善的，有些则可能有比较严重的缺陷或者不足。如果忽视了对"本本"的区别和分析，一切按照"本本"办事，而不管客观实际发生了多大的变化，就会把谬误当成科学的，把不完善的当成是完善的，这样做的最终结果当然就是失败。"唯书、唯上"成为习惯，就会形成刻板、教条的思维方式，而这种思维方式形成之后，又会使"唯书、唯上"的观念和行为得

以强化。

教条、刻板的思维方式的形成，还由于没有把握好原则性与灵活性的辩证关系。原则性是指说话或办事必须依据正确的法则或标准、规范。灵活性就是指运用有关的法则、标准或规范时要善于随机应变，结合实际适度予以变通。原则性是灵活性的基础，丢掉原则性，灵活性就成了自由主义；灵活性是原则性的必要补充，没有灵活性，原则性也就得不到真正的贯彻和实施，就会形成死板的教条主义。因此，把原则性绝对化，割裂了原则性与灵活性的辩证关系，就会养成教条、刻板的思维方式。

从根本上来说，教条、刻板的思维方式的形成，是由于缺乏辩证发展的观点。按照辩证发展的观点，一切事物都是运动和变化的，是绝对运动和相对静止的辩证统一；世界是永恒发展的，发展是由小到大、由简到繁、由低级到高级、由旧质到新质的运动变化过程。由此，必然得出这样的结论："一切僵硬的东西融化了，一切固定的东西消散了，一切被当作永久存在的特殊东西变成了转瞬即逝的东西，整个自然界被证明是在永恒的流动和循环中运动着。"缺乏辩证发展的观点，就会把相对静止绝对化，把事物看作静止不变、孤立、僵硬、固定、

永久存在的东西，也会形成教条、刻板的思维方式。

教条、刻板的思维方式导致人的思想僵化和行动上的失败。按照教条、刻板的思维方式来考虑问题，就会"唯书、唯上"，而不去研究变化着的、丰富多彩的实际，就会片面地固守原则，不懂得根据客观实际对原则进行灵活变通的运用，这就是思想的僵化。思想一僵化，就会导致行动缺乏创新和开拓进取的精神，不能根据新情况、新问题制定符合实际的新的行动方案，从而在实际工作中处处碰壁。

2."钻牛角尖""随大流"

思维方式的错误，也表现在"死钻牛角尖""随大流"等思维方式上。"死钻牛角尖"式的思维方式，是喜欢钻进某一狭窄的问题中，仅仅往一个狭窄的方向和点去思维，而不知道拓宽思路。这样就会钻牛角尖而出不来，妨碍对事物的正确认识。"随大流"的思维方式，是受消极的从众心理的驱动所产生的惰性、保守性思维方式。它考虑问题的基本出发点就是符合社会上流行的看法，而不管这种流行的东西是否正确。持这种思维方式的人总是认为，与社会上流行的看法和做法相一致的是最保险的，也是最省事的。按照这种思维方式考虑问题，就容易养成自己不动脑筋、人云亦云，从而跟着错误的潮流

跑，或者盲目地追随某种不适合自身条件的潮流，其结果也就是不能不失败。

有一位妻子叫她丈夫到商店去买火腿。他买完后，妻子就问他为什么不叫肉贩子把火腿的末端切下来。丈夫反问她为什么，她说她母亲就是这样做的，这就是理由。这时正好岳母来访，他们就问她为什么总是切下火腿的末端。母亲回答说她的母亲总是这样做。然后母亲、女儿、女婿就一起去找老外祖母问个究竟。外祖母很快地回答说，她之所以切下火腿的末端是因为当时的烧烤炉太小，无法烤出整只火腿，火腿的末端还没熟，所以要切掉。现在外祖母有她行动的理由了，这两位女儿呢？

有些人在分析问题时，不知道抓住重点，要么是眉毛胡子一把抓，要么是拣了芝麻丢了西瓜，主次不分，从而造成不应有的失败与挫折。主次颠倒有两种表现：一是把主要原因当作是次要的，另一则是把次要原因当作是主要的。在前一种情况下，没有抓住主要原因，未能明确主攻方向，不能从根本上解除事故原因；在后一种情况下，错把次要原因当作主要原因，因而集中力量从次要方面去做工作，劳而无功，同样不能解决根本问题，而且会因此而延误时机，耽误了问题的解决。所以，培养正确到位地分析和解决问题的能力，不管是对于战胜

挫折，还是对于避免挫折，都是关键的。

洞见或透析隐藏于深处的棘手问题是很难的，因为如果只是把握这一棘手问题的表层，它就会维持原状，问题仍然得不到解决。因此，必须把它连根拔起，使它彻底地暴露出来。这就要求我们开始以一种新的方式、从一个新的角度来思考。这一变化具有决定意义，打个比方说，就像从炼金术的思维方式过渡到化学的思维方式一样。难以确立的正是这种新的思维方式。一旦新的思维方式得以确立，旧的问题就会消失。实际上人们会很难再意识到这些旧的问题，因为这些旧的问题是与我们的表达方式相伴随的，一旦我们用一种新的形式来表达自己的观点，旧的问题就会连同旧的语言外套一起被抛弃。

信念铸就成功

　　信念的力量是无穷的，它可以激励你完成很多艰难的工作，有很多人在遇到苦难的时候，有一种东西在鼓舞着他们，使他们战胜了自己，战胜了困难，而这样东西就是信念，在很多人遇到困难感到迷茫的时候只要坚定自己的信念，它就会给我们带来力量，给我们带来战胜所有困难的决心。

　　信念是能使我们取得成功的法宝，它可以让我们充满力量，可以让我们变得更加优秀，可以让我们在遇到困难的时候百折不挠，它是我们取得成功很重要的一个支点。

　　之所以把信念看成是获得成功的关键，是因为在这个世界

上生活的人，有很大一部分在处理关键问题的时候，完全是按照自己内心一直存在的信念的指挥而完成的。只要我们内心有信念在，在处理事情的时候就会很清楚自己该怎样去做，自己想要的结果是什么。可一旦一个人没有信念，那么他的行为就都会失去意义，所做的很多事情都没有真正的目标，不知道自己的未来在哪里，也就不能够取得好的成就。

信念是导致我们成功的关键，只要你内心存在信念，你就会对成功充满渴望并能够为自己的未来做计划，有目的地走好每一步，向成功的目标一步步迈进。

人们没能取得成功的原因有很多，有的抱怨自己所处的环境不好，有的说自己学历不高，还有的说自己没有资金等。可真正的原因并不是在于这些，它们是会带来一定的影响，可这并不是我们没有取得成功的真正理由。这里面有一大部分人是缺少信念，他们根本就不知道自己最终的目标是什么，怎样去实现自己的理想，而只知道自己要富有，要比别人生活得好。只有这样的想法是不行的，因为在他们心中没有信念，所抱有的希望都称得上是在白日做梦。当他们失败的时候只知道抱怨，而这样的抱怨是永远不会改变他们的命运，只会让他们变得更加迷茫和懦弱。可那些心中一直存在着信念的人就完全不

一样，他们在遇到困难的时候不会去抱怨周围所有的东西，他们知道自己该怎样去做，知道怎样去接近自己的理想，心中的信念会激励他们克服眼前的困难走向成功。

　　所以我们一定要明白，在取得成功的过程当中，外在的环境和一些外在因素并不是最重要的，重要的是你如何去看待这些，还有你内心是否一直存在着信念，因为信念才是导致我们成功最重要的因素之一。